Mentor Lernhilfe
Band 44
Mathematik

Geometrie für die 9./10. Klasse, 1

Zentrische Streckung,
Satz des Pythagoras,
Kreis- und Körperberechnungen

Von Rolf Baumann

Mit Lösungsteil zum Heraustrennen

Mentor Verlag München

Rolf Baumann: Studienassessor, Dozent für Mathematik, Physik, Geschichte und Sozialkunde an der Volkshochschule (Erwachsenenbildung).

Für beratende Mitarbeit danken Autor und Verlag
Herrn Studiendirektor Helmuth Preckur,
Lehrer und Fachbetreuer für Mathematik
an der Berufsoberschule für Technik.

Technische Zeichnungen von Nikola Wachsmuth,
Illustrationen von Pieter Kunstreich

Auflage:	7. 6. 5. 4.	Letzte Zahlen
Jahr:	1995 94 93	maßgeblich

Druck: Druckhaus Langenscheidt, Berlin
Printed in Germany. ISBN 3-580-64440-8

Vorwort

Dieser Mentor-Band will und kann nicht Dein Schulbuch oder gar den Unterricht ersetzen. Er ist vielmehr als Hilfe gedacht, wenn Du entstandene Lücken auffüllen willst.

Zur Arbeitsweise mit diesem Buch ein paar Vorbemerkungen:

- Bei den Hinführungen zu den Regeln findest Du viele „unvollständige" Zeichnungen bzw. Konstruktionen, die Du ergänzen sollst.
- In den Texten tauchen häufig _____ Lücken auf, in die Du die fehlenden Worte bzw. Zahlen einsetzen sollst.
- Daneben triffst Du oft auf Gegensatzpaare (*positiv*/*negativ*), die schräg (*kursiv*) gedruckt sind. Du sollst Dich hier entscheiden und eines der Worte durchstreichen.

Im Lösungsteil, den Du sogar heraustrennen kannst, findest Du nicht nur vervollständigte Zeichnungen und alle Lösungen, sondern auch den Lösungsweg.

Mein dringender Rat dazu heißt:

Entscheide, zeichne und rechne immer zuerst selbst, bevor Du im Lösungsteil nachschaust. Ergänze, streiche und zeichne in Zweifelsfällen mit Bleistift – dann kannst Du später noch korrigieren!

In der 9. Klasse ist der Aufbau der Geometrie von Schule zu Schule sehr unterschiedlich. Die Reihenfolge der ersten drei Kapitel in unserem Buch ist nur eine von mehreren Möglichkeiten:

Im ersten Kapitel beginnst Du mit dem Konstruieren von Bilddreiecken. Die Konstruktion erfolgt zwar nach einer neuen Vorschrift, aber Du kannst Dich dabei auf früher erworbene Fähigkeiten stützen.

Aus diesen von Dir konstruierten Figuren kannst Du Eigenschaften ablesen, die dann verallgemeinert und als Gesetzmäßigkeiten formuliert werden. In praktischen Beispielen lernst Du Anwendungsmöglichkeiten kennen, wie z. B. die Entfernungsmessung im unwegsamen Gelände.

Im dritten Kapitel wirst Du diese Gesetzmäßigkeiten auf die speziellen Verhältnisse im rechtwinkligen Dreieck anwenden und daraus die Satzgruppe des PYTHAGORAS herleiten.

Die Gesetzmäßigkeiten, die Du im ersten Kapitel bei der neuen Abbildung kennenlernst, findest Du in ähnlicher Form bei der Vektorrechnung wieder *).

Da der Aufbau der Geometrie sehr unterschiedlich ist, findest Du im dritten Kapitel zwei verschiedene Beweise der Satzgruppe des Pythagoras. Der erste Beweis stützt sich auf die Ähnlichkeitssätze aus Kapitel 1, der zweite Beweis setzt die Kenntnis dieser Sätze nicht voraus.

*) Mentor-Lernhilfe 45, Geometrie für die 9./10. Klasse, Teil 2

Vorwort
Zeichen und Abkürzungen

Es genügt, wenn Du Dir denjenigen Beweis einprägst, den Du im Unterricht kennengelernt hast. Aber vielleicht macht es Dir Spaß, auch eine andere Beweismöglichkeit nachzuvollziehen. Obgleich dieser Teil der Geometrie schon einige Jahrhunderte vor unserer Zeitrechnung bekannt war (z. B. PYTHAGORAS von Samos 580–500 v. Chr.; EUKLID 365–300 v. Chr.), haben sich alle großen Mathematiker mit diesen Themen beschäftigt, und es gibt inzwischen fast 100 verschiedene Beweise des Satzes von PYTHAGORAS.

Das Stichwortverzeichnis auf Seite 8 hilft Dir, die Themen herauszusuchen, die Dir gerade Schwierigkeiten bereiten. Das betreffende Kapitel solltest Du aber von Anfang bis Ende durcharbeiten.
Für die Arbeit mit dem Buch wünsche ich Dir Ausdauer, und für Dein Abschneiden in der Schule wünsche ich Dir viel Erfolg!

Rolf Baumann

Mathematische Zeichen und Abkürzungen

$\mathbb{N}$	Menge der natürlichen Zahlen $\mathbb{N}=\{1; 2; 3; 4; \ldots\}$
$\mathbb{N}_0$	Menge der natürlichen Zahlen einschließlich der Null $\mathbb{N}_0=\{0; 1; 2; 3; 4; \ldots\}$
$\mathbb{Z}$	Menge der ganzen Zahlen $\mathbb{Z}=\{\ldots -3; -2; -1; 0; 1; 2; 3; \ldots\}$
$\mathbb{Q}$	Menge der rationalen Zahlen (Zur Menge der ganzen Zahlen kommen noch die Brüche hinzu.)
$\mathbb{Q}^+$	Menge der positiven rationalen Zahlen
$\mathbb{Q}^-$	Menge der negativen rationalen Zahlen
$\mathbb{R}$	Menge der reellen Zahlen (Zur Menge der rationalen Zahlen kommen noch die irrationalen Zahlen z. B. $\sqrt{2}$; π ... hinzu.)
$\{\ \}$ oder $\emptyset$	Leere Menge

$\{a; b; c\}$	Menge mit den Elementen a, b und c
$\{x \mid \ldots\}$	Menge aller x, für die gilt ... bzw. Menge aller x, mit der Eigenschaft
$\mathbb{G}$	Grundmenge
$\mathbb{D}$	Definitionsmenge
$\mathbb{L}$	Lösungsmenge
$\setminus$	ohne; z. B. $\mathbb{A} \setminus \mathbb{B}$ Menge $\mathbb{A}$ **ohne** Menge $\mathbb{B}$
$\in$	... Element von ...
$\notin$	... nicht Element von ...
$\subseteq$	... Teilmenge von ...
$\subset$	... echte Teilmenge von ...
$\cup$	... vereinigt mit ...
$\cap$	... geschnitten mit ...
$\vee$	... oder auch ...
$\wedge$	... und zugleich ...

Zeichen und Abkürzungen

$\neg$	nicht ... bzw. Verneinung
$=$	... gleich ...
$\neq$	... nicht gleich ...
$\widehat{=}$	entspricht
$>$	... größer als ...
$\geqq$	... größer oder gleich ...
$<$	... kleiner als ...
$\leqq$	... kleiner oder gleich ...
$\approx$	... ungefähr gleich ...
$\sim$	... direkt proportional ... bzw. ... ähnlich zu ...
$\Rightarrow$	aus ... folgt bzw. wenn ... dann ...
$\Leftrightarrow$	... äquivalent ... bzw. ... genau dann, wenn ...
$\|a\|$	(absoluter) Betrag von a
$\sqrt{a}$	Wurzel aus a
f, g, h ...	Funktionen
f^* oder f^{-1}	Umkehrfunktion
P, A, B, ...	Punkte
$P(x\|y)$ oder $P(x/y)$	Punkt P mit den Koordinaten x und y
g, h, ...	Geraden
PQ	Gerade durch P und Q
[PQ	Halbgerade durch Q mit dem Anfangspunkt P
[PQ]	Strecke mit den Endpunkten P und Q
$\overline{PQ}$	Länge der Strecke [PQ]
k(M; r)	Kreislinie mit dem Mittelpunkt M und dem Radius r
$\sphericalangle$ PQR	Winkel mit dem Scheitel Q und dem ersten Schenkel [QP und dem zweiten Schenkel [QR bzw. Maß dieses Winkels bzw. Größe dieses Winkels
$\alpha, \beta, \gamma, \eta, \mu, \tau, \omega \ldots$	Maße von Winkeln

$\perp$	... senkrecht auf ... bzw. ... orthogonal zu ... bzw. ... rechtwinklig zu ...
$\parallel$	... parallel zu ...
$\cong$	... kongruent zu ...
$\overrightarrow{PQ}$	Vektor
$\vec{a}$	Vektor
$\|\vec{a}\|$ oder a	Länge des Vektors $\vec{a}$
$\begin{pmatrix} a \\ b \end{pmatrix}$	Vektor mit den Komponenten a und b
$\xmapsto{a}$	... wird durch eine Achsenspiegelung an der Achse a abgebildet auf ...
$\xmapsto{Z}$	... wird durch eine Punktspiegelung am Punkt Z abgebildet auf ...
$\xmapsto{D;\,\varphi}$	... wird durch eine Drehung um den Punkt D und dem Drehwinkel φ abgebildet auf ...
$\xmapsto{\vec{a}}$	... wird durch die Verschiebung um den Vektor $\vec{a}$ abgebildet auf ...
$\overset{\frown}{S_1 S_2}$	Kreisbogen von S_1 nach S_2 (gegen den Uhrzeigersinn)
$\llcorner\!\!\cdot$	rechter Winkel bzw. Winkel mit 90°
$d(P; g) = 2\text{ cm}$	Abstand des Punktes P von der Geraden g gleich zwei Zentimeter
$\sphericalangle(g; h)$	Winkel mit dem ersten Schenkel g und dem zweiten Schenkel h
w_α	Winkelhalbierende des Winkels α
h_c	Höhe auf die Seite c
m_c	Mittelsenkrechte der Seite c
$\triangle ABC$	Dreieck mit den Eckpunkten A, B und C
$\mathbb{E}$	Ebene
q	Abbildungsmaßstab
ω	Abbildungswinkel
V	Volumen bzw. Rauminhalt
A	Flächeninhalt

Inhalt

Stichwortverzeichnis

Zentrische Streckung

Bevor wir die Vorschrift für die Ausführung einer zentrischen Streckung festlegen und die zugehörigen Konstruktionen und Eigenschaften kennenlernen, betrachten wir zwei Beispiele. Du wirst dabei erkennen, daß die zentrische Streckung eine Abbildung ist, der wir im täglichen Leben ständig begegnen.

Landkarten

Auf Landkarten erkennst du die Flußläufe und die Lage von Ortschaften und Gebirgen u.ä. wieder, wie du sie in der Natur vorfindest.

Mit Hilfe des angegebenen Maßstabes kannst du die realen Entfernungen errechnen. Bei einem Maßstab von 1 : 20000 entspricht z. B. eine Strecke von 4 cm in der Karte einer Entfernung von
4 cm · 20000 = 80000 cm = ______ m
in der Wirklichkeit.

Um die realen Entfernungen zu erhalten, müssen also die Längen aus der Karte jeweils mit demselben Faktor multipliziert werden.

Die Winkel, die in der Karte z. B. durch zwei Straßen gebildet werden, entsprechen dagegen genau den Winkeln in der Wirklichkeit.

Lichtbilder

Mit Hilfe eines Projektors können die kleinen Bilder auf Diapositiven stark vergrößert auf der Leinwand betrachtet werden. Überlege auch in diesem Beispiel, wie sich die Längen und die Winkel auf dem kleinen Dia und auf der Leinwand zueinander verhalten.

- In beiden Beispielen werden zwar die *Längen/Winkel* verändert, aber die *Längen/Winkel* bleiben erhalten.

Die in den Beispielen auftretende Verkleinerung bzw. Vergrößerung ebener Figuren wird durch eine Abbildung bewirkt, die **zentrische Streckung** heißt. Auch dort wird vom sogenannten **Streckungszentrum** aus jede Strecke im selben Verhältnis verlängert bzw. verkürzt; die Verhältniszahl heißt **Streckungsfaktor.**

Wenn bei einer zentrischen Streckung das **Streckungszentrum Z** und der **Streckungsfaktor k** gegeben sind, kann man zu jedem Punkt P den zugehörigen Bildpunkt P′ konstruieren.

Abbildungsvorschrift

Der Punkt Z der Zeichenebene bleibt bei der Abbildung fest. (Z′ = Z).

Jedem Punkt P ≠ Z der Ebene wird durch die folgende Vorschrift genau ein Bildpunkt P′ zugeordnet:

- Die Punkte Z, P und P′ liegen auf einer Geraden.
- Für die Streckenlängen gilt:
  $\overline{ZP'} = |k| \cdot \overline{ZP}$, mit $k \in \mathbb{Q} \setminus \{0\}$ *)
  bzw. $k \in \mathbb{R} \setminus \{0\}$ *)

(In Worten: Länge der Bildstrecke $\overline{ZP'}$ gleich |k|-mal Länge der Urbildstrecke $\overline{ZP}$)

*) Nimm die Grundmenge, die du in der Schule bereits kennengelernt hast; die rationalen bzw. reellen Zahlen – jeweils ohne die Null.

Zentrische Streckung
positiver Streckungsfaktor

1. Positiver Streckungsfaktor

Beispiel:

Konstruiere in Figur 1 zu den Punkten P und Q die zugehörigen Bildpunkte P′ und Q′,

mit $P \xmapsto{Z;\, k=2} P'$ und

$Q \xmapsto{Z;\, k=2} Q'$.

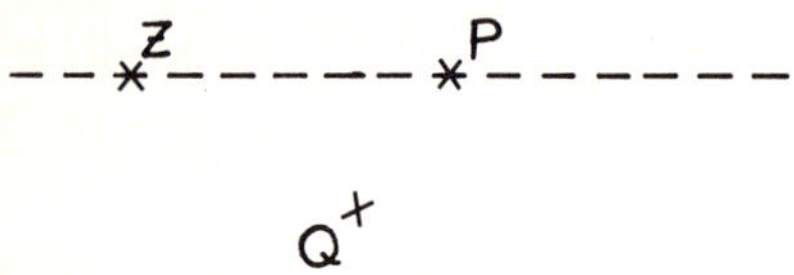

Figur 1

a) In Figur 1 ist bereits die Gerade ZP gestrichelt eingezeichnet, denn P′ muß laut Abbildungsvorschrift auf dieser Geraden liegen.

Der Streckungsfaktor k = 2 bedeutet, daß die Strecke $\overline{ZP'}$ doppelt so lang ist wie die Strecke $\overline{ZP}$.

➧ Stich deshalb mit dem Zirkel im Punkt P ein. Greife die Länge der Strecke $\overline{ZP}$ ab und trage diese Länge über P hinaus auf der Geraden ZP an. Bezeichne den neu entstandenen Punkt mit P′.

b) Konstruiere nun noch den Bildpunkt Q′ nach folgendem Schema:

➧ Zeichne in die Figur 1 die Gerade ZQ gestrichelt ein.

➧ Stich mit dem Zirkel in Q ein, greife die Länge der Strecke $\overline{ZQ}$ ab und trage diese Länge über Q hinaus auf der Geraden ZQ an. Bezeichne den neu entstandenen Punkt mit Q′.

Bereits aus Figur 1 kannst du wichtige Abbildungseigenschaften der zentrischen Streckung ablesen.

➧ Verbinde dazu – mit Farbe – die Punkte P und Q, sowie die Punkte P′ und Q′.

Ergänze folgende Sätze:

- Bildstrecke [P′Q′] und Urbildstrecke [PQ] verlaufen ________________ zueinander.
- Die Bildstrecke $\overline{P'Q'}$ ist ____________ so lang wie die Urbildstrecke $\overline{PQ}$.

Aufgaben

(1) Lege dir auf einem Beiblatt das Koordinatensystem von Figur 2 – Längeneinheit 1 cm – an. Du benötigst Figur 2 noch für einige der folgenden Aufgaben.

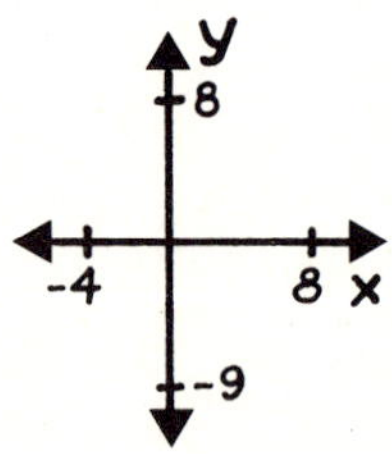

Figur 2

Gegeben sind die Punkte Z (1/–2); A (1/1); B (3/0) und C (3/1).
Zeichne in die Figur 2 das △ ABC sowie das $\triangle A_1B_1C_1$ mit

$\triangle ABC \xmapsto{Z;\, k=3} \triangle A_1B_1C_1$

negativer Streckungsfaktor

Anleitung:

Trage in die Figur 2 zunächst die gegebenen Punkte ein und zeichne das Dreieck ABC. Zeichne nun gestrichelt die Gerade ZA und trage von Z aus die Strecke $\overline{ZA}$ dreimal in Richtung A ab *).

Der gefundene Punkt ist A_1. Verfahre bei B und C entsprechend, finde B_1 und C_1 und zeichne das Bilddreieck $\triangle A_1B_1C_1$.

(2) Zeichne in die Figur 2 auch das $\triangle A_2B_2C_2$ mit

$$\triangle ABC \xmapsto{Z;\ k = \frac{1}{2}} \triangle A_2B_2C_2.$$

Hinweis: Da $k = \frac{1}{2}$ ist, liegt z. B. A_2 genau in der Mitte zwischen Z und A.

---

*) Da sowohl das Zentrum Z, als auch die Dreieckspunkte auf Gitterpunkten liegen, kannst du die Bildpunkte auch durch „Auszählen der Kästchen" finden.

2. Negativer Streckungsfaktor

Beispiel

Konstruiere zu den Punkten P und Q die zugehörigen Bildpunkte P′ und Q′ mit

$$P \xmapsto{Z;\ k = -3} P' \quad \text{und} \quad Q \xmapsto{Z;\ k = -3} Q'$$

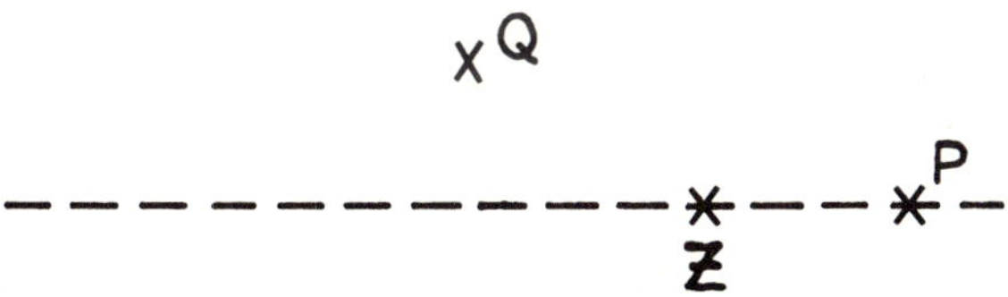

Figur 3

Beachte

> Das Minuszeichen beim Streckungsfaktor k bedeutet, daß das Zentrum zwischen Punkt und Bildpunkt liegt.

a) In Figur 3 ist bereits die Gerade ZP gestrichelt eingezeichnet, denn P′ muß – laut Abbildungsvorschrift – auf jeden Fall auf dieser Geraden liegen.

Der Streckungsfaktor $k = -3$ bedeutet, daß die Strecke $\overline{ZP'}$ dreimal so lang ist wie die Strecke $\overline{ZP}$.

Zentrische Streckung
winkeltreu, Längenverhältnis

➡ Stich nun mit dem Zirkel in Z ein, greife die Länge der Strecke $\overline{ZP}$ ab und trage diese Länge nach der anderen Seite hin dreimal auf der gestrichelten Geraden ab. Bezeichne den neu entstandenen Punkt mit P′.

b) Konstruiere noch den Bildpunkt Q′ nach folgendem Schema:

➡ Zeichne in die Figur 3 die Gerade ZQ gestrichelt ein.

➡ Stich mit dem Zirkel in Z ein, greife die Länge der Strecke ______ ab und trage diese Länge nach der anderen Seite ______-mal auf der Geraden ZQ an. Bezeichne den neu entstandenen Punkt mit Q′.

Aufgabe

③ Zeichne in die Figur 2 auch das $\triangle A_3B_3C_3$ mit

$$\triangle ABC \xmapsto{Z;\, k=-2} \triangle A_3B_3C_3 .$$

Wenn du dir nun die Figur 2 genau ansiehst und die gezeichneten Dreiecke miteinander vergleichst, erkennst du sicher die Abbildungseigenschaften und kannst die folgenden Sätze – die sowohl für positive, als auch für negative Streckungsfaktoren gelten – ergänzen.

Abbildungseigenschaften

- Bildstrecke und Urbildstrecke verlaufen ______________ zueinander.
- Jeder Winkel des Urbildes wird in einen ______________ Winkel abgebildet; die Abbildungen sind **winkeltreu.**
- Jede Bildstrecke ist **|k|-mal so lang,** wie die Urbildstrecke.
- **Verhältnistreue**

Setze die abgelesenen Längen der Dreiecksseiten von Figur 2 ins Verhältnis:

$$\frac{a}{b} = \frac{1\,\text{cm}}{2\,\text{cm}} = \frac{1}{2}$$

$$\frac{a_1}{b_1} = \frac{\_\_\,\text{cm}}{\_\_\,\text{cm}} = \frac{1}{\_\_}$$

$$\frac{a_2}{b_2} = \frac{\_\_\,\text{cm}}{\_\_\,\text{cm}} = \frac{\_\_}{\_\_}$$

$$\frac{a_3}{b_3} = \frac{\_\_\,\text{cm}}{\_\_\,\text{cm}} = \frac{\_\_}{\_\_}$$

Die Vermutung, die sich hieraus ergibt, gilt allgemein:

- Die Längen einander entsprechender Strecken stehen beim Urbild und bei den Bildfiguren jeweils im ______________ Verhältnis *).

Vergleiche den Umlaufsinn der Bilddreiecke mit dem Umlaufsinn des Dreiecks $\triangle ABC$:

- Bei der zentrischen Streckung ist der Umlaufsinn bei der Urfigur und den Bildfiguren ______________.

---

*) Diese Abbildungseigenschaft ergibt sich auch aus der vorhergehenden Eigenschaft; mit $a_1 = |k| \cdot a$ und $b_1 = |k| \cdot b$ gilt $\frac{a_1}{b_1} = \frac{\cancel{|k|} \cdot a}{\cancel{|k|} \cdot b} = \frac{a}{b}$. Das Längenverhältnis der Bildstrecken $\frac{a_1}{b_1}$ ist also gleich dem Längenverhältnis der Urbildstrecken $\frac{a}{b}$.

Flächenverhältnis

Berechne mit Hilfe der abgelesenen Seitenlängen die Flächeninhalte der Dreiecke:

Urfläche: $\frac{a \cdot b}{2} = \frac{1\,\text{cm} \cdot 2\,\text{cm}}{2} = 1\,\text{cm}^2$

Fläche bei $k = 3$: $\frac{a_1 \cdot b_1}{2} = \frac{\_\_\,\text{cm} \cdot \_\_\,\text{cm}}{2} = \_\_\_\,\text{cm}^2$

Fläche bei $k = \frac{1}{2}$: $\frac{a_2 \cdot b_2}{2} = \frac{\_\_\,\text{cm} \cdot \_\_\,\text{cm}}{2} = \_\_\_\,\text{cm}^2$

Fläche bei $k = -2$: $\frac{a_3 \cdot b_3}{2} = \frac{\_\_\,\text{cm} \cdot \_\_\,\text{cm}}{2} = \_\_\_\,\text{cm}^2$

Auch dieser Zusammenhang gilt allgemein:

- Der Flächeninhalt der Bildfigur ist ___-mal so groß wie der Flächeninhalt der Urfigur *).

Die folgende Behauptung kannst du dir an Hand eines Beispiels klar machen:

- Eine zentrische Streckung ist nach Vorgabe der drei Punkte: Zentrum Z, Urpunkt P und Bildpunkt P′ eindeutig festgelegt ($P \neq Z$).

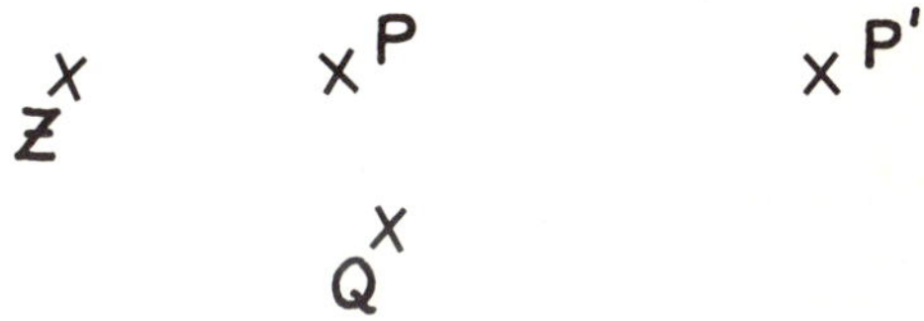

Figur 4

Beispiel

Gegeben sind die Punkte Z, P und P′. Konstruiere den zum Punkt Q gehörenden Bildpunkt Q′, mit:

$$Q \xmapsto{Z;\ k = \frac{\overline{ZP'}}{\overline{ZP}}} Q'.$$

Bei der Konstruktion benützen wir zwei bereits bekannte Eigenschaften:

1. Q′ liegt auf der Geraden ______.

➧ Zeichne gestrichelt die Gerade ZQ in Figur 4.

2. Da jede Bildstrecke ______________ zur Urstrecke verläuft, liegt Q′ auf der Parallelen zu PQ durch den Punkt ______.

➧ Zeichne die Parallele zu PQ durch den Punkt P′ und bezeichne ihren Schnittpunkt mit der Geraden ZQ mit Q′.

---

*) Diese Abbildungseigenschaft ergibt sich z. B. für Dreiecksflächen auch so:

Mit $A = \frac{g \cdot h}{2}$ gilt

$$A' = \frac{g' \cdot h'}{2} = \frac{|k| \cdot g \cdot |k| \cdot h}{2} = k^2 \cdot \frac{g \cdot h}{2} = k^2 \cdot A$$

Zentrische Streckung
Aufgaben

Aufgaben

④ In Figur 5 sind die Punkte Z, A, A′ und B gegeben.

a) Konstruiere den Bildpunkt B′ mit

$$B \xmapsto{Z;\ k = \frac{\overline{ZA'}}{\overline{ZA}}} B'.$$

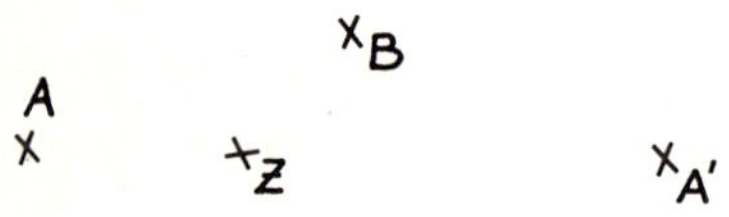

Figur 5

b) Für den Streckungsfaktor k gilt:
k < 0/k > 0.

⑤ Lege dir auf einem Beiblatt das Koordinatensystem von Figur 6 – Längeneinheit 1 cm – an.

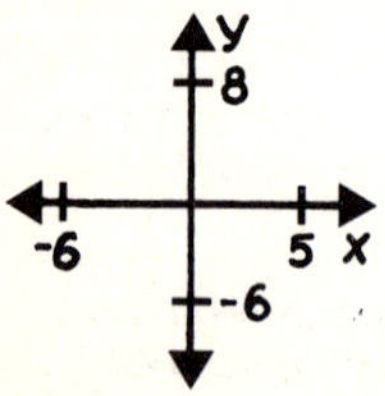

Figur 6

Gegeben sind die Punkte A (–5/1); B (4/1); C (–2/7); A′ (1/–3); Z (4/–5).

a) Konstruiere in Figur 6 das △ A′B′C′

mit $\triangle ABC \xmapsto{Z;\ k = \frac{\overline{ZA'}}{\overline{ZA}}} \triangle A'B'C'$.

b) Nur eine der folgenden vier Möglichkeiten kann zutreffen; streiche die anderen.

Für den Streckungsfaktor gilt:

$k = -3;\quad k = -\frac{1}{3};\quad k = \frac{1}{3};\quad k = 3.$

c) Lies aus Figur 6 die Längen der Strecken ab und berechne die Fläche des △ ABC.

Mit c = ___ cm; h_c = ___ cm gilt:

$$\text{Fläche}_{\triangle ABC} = \frac{c \cdot h_c}{2} = \frac{\_\_\_\text{cm} \cdot \_\_\_\text{cm}}{2} =$$

$$= \_\_\_\ \text{cm}^2.$$

d) Die Fläche des Bilddreiecks △ A′B′C′ kannst du aus deinen Ergebnissen von b) und c) folgern:

$$\text{Fläche}_{\triangle A'B'C'} = \_\_\_\_ \cdot \text{Fläche}_{\triangle ABC} =$$

$$= \_\_\_\_ \cdot \_\_\_\_\ \text{cm}^2 =$$

$$= \_\_\_\_\ \text{cm}^2.$$

⑥ In Figur 7 sind die Punkte P, Q, P′, Q′ sowie R gegeben.

a) Bestimme das Zentrum Z der zentrischen Streckung mit

$P \xmapsto{Z;\ k} P'$ und $Q \xmapsto{Z;\ k} Q'$

Fixpunkt
Fixgerade, Fixpunktgerade

b) Konstruiere den Bildpunkt R′ mit

$$R \xmapsto{Z;\; k = \frac{\overline{ZP'}}{\overline{ZP}}} R'.$$

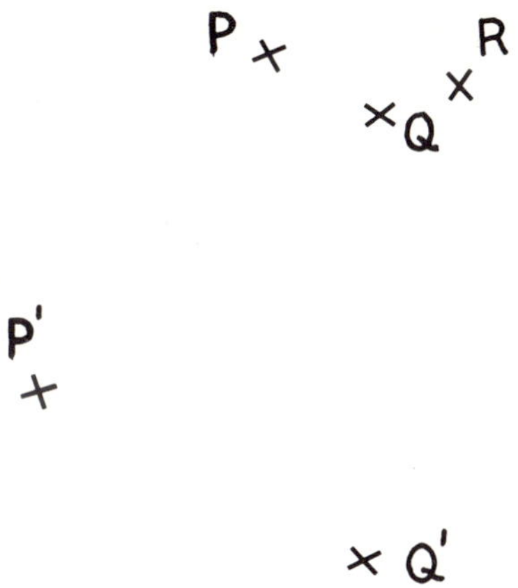

Figur 7

Fixelemente

Als kurze Wiederholung hier die Definitionen *) der Fixelemente.

---

*) Vergl. ML 37, Seite 38/40.

Definitionen

- Punkte, die bei einer Abbildung auf sich selbst abgebildet werden, heißen Fixpunkte.
- Geraden, die bei einer Abbildung auf sich selbst abgebildet werden, heißen Fixgeraden.
- Wenn alle Punkte einer Geraden Fixpunkte sind, heißt diese Gerade Fixpunktgerade.

Beispiel

Lege dir auf einem Beiblatt das Koordinatensystem von Figur 8 an.

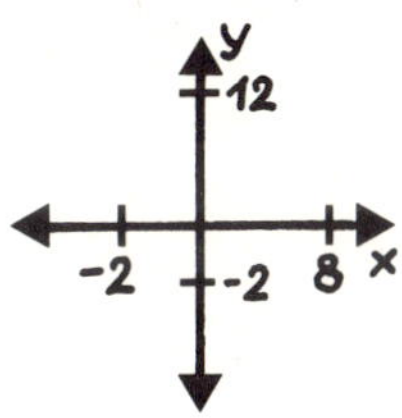

Figur 8

Gegeben sei Z (3/5); P (5/2); Q (1/4).

a) Zeichne in die Figur 8 die Geraden g und h,
   mit $Z \in g$ und $P \in g$ sowie
   $P \in h$ und $Q \in h$.

b) Zeichne in die Figur 8 die Gerade g′ mit

$$g \xmapsto{Z;\; k = 2} g'$$

Hinweis: Bilde zwei Geradenpunkte ab und zeichne die Bildgerade durch die beiden Bildpunkte.

Zentrische Streckung
Identität

c) Zeichne in die Figur 8 die Gerade h′

mit $h \xmapsto{Z;\ k = 2} h'$.

d) Zeichne in die Figur 8 die Gerade g″

mit $g \xmapsto{Z;\ k = -2} g''$.

e) Zeichne in die Figur 8 die Gerade h″

mit $h \xmapsto{Z;\ k = -2} h''$.

Damit ergeben sich folgende Sätze:

Folgerungen

Für die zentrische Streckung gilt, falls $k \in \mathbb{R} \setminus \{0;1\}$:

- Das Zentrum ist der einzige Fixpunkt.
- Es gibt keine *Fixgeraden/Fixpunktgeraden*.
- Alle Geraden durch das Zentrum sind *Fixgeraden/Fixpunktgeraden*.

Sonderfälle

- Für den Streckungsfaktor k = ___ wird jeder Punkt auf sich selbst abgebildet; dieser Sonderfall heißt **Identität**.
- Für den Streckungsfaktor k = –1 ergibt sich eine Abbildung, die du bereits früher unter den Namen *)

  ____________________ bzw.

  ____________________ kennengelernt hast.

Mache dir diesen Sonderfall einer zentrischen Streckung an folgendem Beispiel klar und trage anschließend die fehlenden Bezeichnungen in die Lücken ein.

Beispiel

In Figur 9 sind das Dreieck △ ABC sowie das Zentrum Z gegeben.

a) Konstruiere das Dreieck △ A′B′C′ mit

$\triangle ABC \xmapsto{Z;\ k = -1} \triangle A'B'C'$.

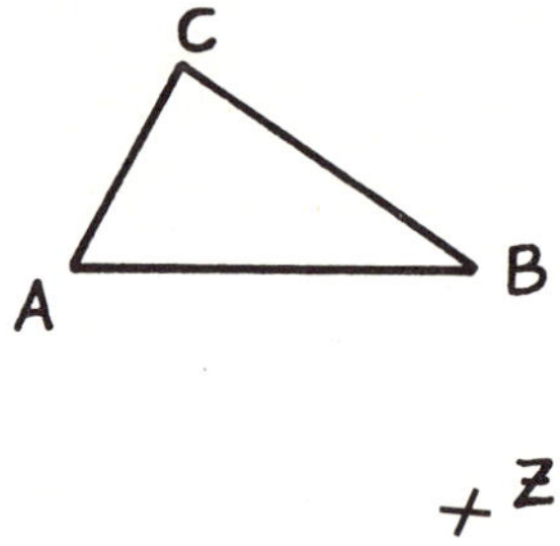

Figur 9

*) vergl. ML 37, Seite 68/69.

Punktspiegelung

b) Bei dieser Abbildung sind Urstrecke und Bildstrecke jeweils ____________ lang; daher ist diese Abbildung eine ________________abbildung *).

Jetzt kannst du dich sicher auch an die Abbildungsnamen erinnern, die oben zu ergänzen sind.

Folgerung

Wenn der Streckungsfaktor k bekannt ist, lassen sich Aussagen über die Flächeninhalte A der Urfigur und A′ der Bildfigur, sowie über die Lage der Punkt P und P′ bezüglich Z machen.

Erkenne in der folgenden Tabelle die richtigen Zuordnungen und kreuze in jeder Zeile höchstens zwei Spalten an. (In einem Fall kannst du nur ein Kreuz setzen.)

	Für die Flächeninhalte gilt			Entscheide, ob Zentrum, Punkt oder Bildpunkt zwischen den jeweils anderen Punkten liegt.		
	$A > A'$	$A < A'$	$A = A'$	Z zw. P u. P′	P zw. Z u. P′	P′ zw. Z u. P
$k > 1$						
$k = 1$						
$0 < k < 1$						
$-1 < k < 0$						
$k = -1$						
$k < -1$						

*) vergl. ML 37, Seite 28.

Zentrische Streckung
Verkettung

Zweifachstreckungen

In diesem Abschnitt werden zwei zentrische Streckungen hintereinander ausgeführt und die Gesetzmäßigkeiten der zusammengesetzten Abbildung besprochen.

Beispiel

Lege dir auf einem Beiblatt das Koordinatensystem von Figur 10 an – Längeneinheit 1 cm.

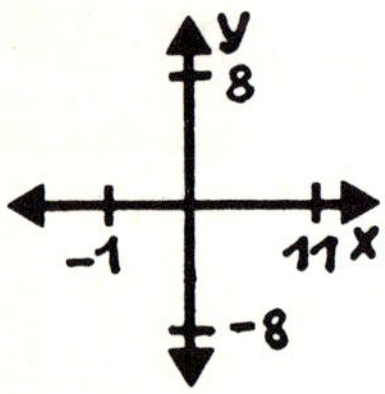

Figur 10

a) Markiere die Punkte Z (2/7,5); A (1,5/5); B (3,5/6) und C (1,5/6) im Koordinatensystem der Figur 10 und zeichne das Dreieck △ ABC.

b) Lies die Längen der Dreiecksseiten ab a = ___ cm, b = ___ cm und bestimme den Inhalt der Dreiecksfläche:

$\text{Fläche}_{\triangle ABC} = \_\_\_ \text{ cm}^2$

c) Zeichne △ A′B′C′ mit

$\triangle ABC \xmapsto{Z;\, k' = 2} \triangle A'B'C'.$

d) Lies die Längen der Dreiecksseiten ab a′ = ___ cm, b′ = ___ cm und bestimme den Inhalt der Dreiecksfläche:

$\text{Fläche}_{\triangle A'B'C'} = \_\_\_ \text{ cm}^2$

e) Zeichne △ A″B″C″ mit

$\triangle A'B'C' \xmapsto{Z;\, k'' = 3} \triangle A''B''C''.$

f) Lies die Längen der Dreiecksseiten ab a″ = ___ cm, b″ = ___ cm und bestimme den Inhalt der Dreiecksfläche:

$\text{Fläche}_{\triangle A''B''C''} = \_\_\_ \text{ cm}^2$

g) Überprüfe mit den oben erhaltenen Seitenlängen die Gültigkeit der Gleichung:

$s'' = |k''| \cdot s' = |k'' \cdot k'| \cdot s$

$a'' = \_\_\_ \cdot a' = \underbrace{\_\_\_ \cdot \_\_\_}\cdot a =$

$= \_\_\_ \cdot \_\_\_ \text{ cm} =$

$= \_\_\_ \text{ cm}$

$b'' = \_\_\_ \cdot b' = \underbrace{\_\_\_ \cdot \_\_\_}\cdot b =$

$= \_\_\_ \cdot \_\_\_ \text{ cm} =$

$= \_\_\_ \text{ cm}$

h) Entwickle mit Hilfe des Zahlenbeispiels die allgemeine Formel für den Flächeninhalt bei einer Zweifachstreckung:

- $\text{Fläche}_{\triangle ABC} = \_\_\_ \text{ cm}^2$
- $\text{Fläche}_{\triangle A'B'C'} = \_\_\_ \text{ cm}^2 =$
  $= \_\_\_ \cdot \text{Fläche}_{\triangle ABC}$
- $\text{Fläche}_{\triangle A''B''C''} = \_\_\_ \text{ cm}^2 =$
  $= \_\_\_ \cdot \text{Fläche}_{\triangle A'B'C'} =$
  $= \_\_\_ \cdot \_\_\_ \cdot \text{Fläche}_{\triangle ABC}$

allgemein gilt:

- $\text{Fläche}_{\triangle A''B''C''} = k_1^2 \cdot k_2^2 \cdot \text{Fläche}_{\triangle ABC}$
  bzw.
- $\text{Fläche}_{\triangle A''B''C''} = (k_1 \cdot k_2)^2 \cdot \text{Fläche}_{\triangle ABC}$

Zweifachstreckung

Merke:

- Die Verkettung *) zweier zentrischer Streckungen mit dem gleichen Zentrum Z ist wieder eine zentrische Streckung mit dem Zentrum ___.
- Der Streckungsfaktor der Verkettung zweier zentrischer Streckungen mit dem gleichen Zentrum Z und den Faktoren k_1 und k_2 ergibt sich als ________ von k_1 und k_2.

Aufgabe

(7) a) Lege dir auf einem Beiblatt das Koordinatensystem von Figur 11 an, Längeneinheit 1 cm.

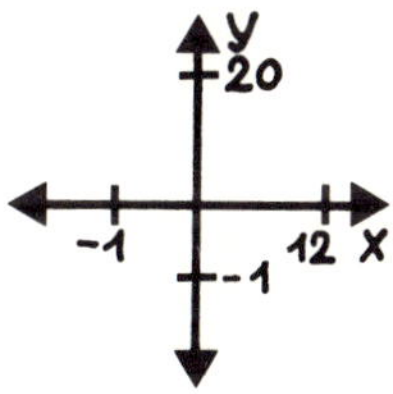

Figur 11

b) Markiere die Punkte A (1/1), B (5/1), C (2/4), Z (4/7) und zeichne das Dreieck △ ABC.

c) Zeichne das Dreieck △ A′B′C′

mit $\triangle ABC \xmapsto{Z;\, k = \frac{1}{2}} \triangle A'B'C'$.

d) Zeichne das Dreieck △ A″B″C″

mit $\triangle A'B'C' \xmapsto{Z;\, k = -4} \triangle A''B''C''$.

e) Bestimme: Fläche $_{\triangle ABC}$ = ______ cm²

f) Bestimme: Fläche $_{\triangle A''B''C''}$ = ______ cm²

g) Überprüfe deine Ergebnisse, indem du die konkreten Zahlen in die allgemeine Gleichung einsetzt:

$$\text{Fläche}_{\triangle A''B''C''} = k_1^2 \cdot k_2^2 \cdot \text{Fläche}_{\triangle ABC} =$$

$$= \underbrace{(\_\_\_\_)^2 \cdot (\_\_\_\_)^2}_{} \cdot \_\_\_\_ \text{ cm}^2 =$$

$$= \quad \_\_\_\_ \quad \cdot \_\_\_\_ \text{ cm}^2 =$$

$$= \_\_\_\_ \text{ cm}^2.$$

*) man sagt auch **Hintereinanderausführung**

Zentrische Streckung
Umkehrabbildung

Folgerung

Die Produktformel für die Verkettung von zwei zentrischen Streckungen gilt auch für negative Streckungsfaktoren. Solche negativen Streckungsfaktoren können wir darstellen als Produkt aus zwei Faktoren. Z. B. können wir statt $k = -3$ auch schreiben: $k = 3 \cdot (-1)$.

Allgemein können wir formulieren:

Jede zentrische Streckung mit einem negativen Streckungsfaktor ($k < 0$) kann man auffassen als Verkettung einer zentrischen Streckung mit $k_1 = |k|$ und einer Streckung mit dem Faktor $k_2 =$ ______ bzw. als Verkettung einer zentrischen Streckung mit $k_1 = |k|$ und einer Punkt____________ an Z.

Umkehrabbildung

Die nächste Folgerung kannst du aus dem bisher Kennengelernten herleiten, ohne eine Konstruktion durchführen zu müssen. Gegeben sei ein Zentrum Z und die Streckungsfaktoren $k_1 = 3$ und $k_2 = \frac{1}{3}$.

Überlege,

welche Gesamtabbildung die folgende Zweifachstreckung ergibt.

- $P \xmapsto{Z;\, k_1 = 3} P' \xmapsto{Z;\, k_2 = \frac{1}{3}} P'' =$ ____.

Zunächst wird der Punkt P auf der Geraden ZP auf den Punkt P′ abgebildet, mit $\overline{ZP'} = 3 \cdot \overline{ZP}$.

- Bildpunkt P′ liegt also *näher bei/weiter entfernt von* Z als der Urpunkt P.

Anschließend wird dieser Bildpunkt P′ wieder auf der Geraden ZP auf den Punkt P″ abgebildet, mit $\overline{ZP''} = \frac{1}{3} \cdot \overline{ZP'}$.

- Der zweite Bildpunkt P″ liegt also *näher bei/weiter entfernt von* Z als der erste Bildpunkt P′; da sich die beiden Streckungen „aufheben", liegt der Punkt P″ genau auf dem Punkt ____.

Anders ausgedrückt:

- Wenn eine Strecke zunächst verdreifacht wird und anschließend auf ein Drittel verkürzt wird, hat sie die __________ Länge wie zu Beginn.

Algebraisch ausgedrückt:

- Mit $\overline{ZP'} = 3 \cdot \overline{ZP}$ und
  $\overline{ZP''} = \frac{1}{3} \cdot \overline{ZP'}$ gilt
  auch $\overline{ZP''} = \underbrace{\frac{1}{3} \cdot 3}_{} \cdot \overline{ZP} =$
  $= 1 \cdot \overline{ZP}$.

  Da P″ und P′ auf derselben Halbgeraden liegen, gilt:

  $P'' =$ ____.

Da diese Überlegungen auch für negative Streckungsfaktoren gelten, können wir eine allgemeingültige Folgerung ziehen.

Folgerung

Gilt bei einer Zweifachstreckung am selben Zentrum für die Streckungsfaktoren: $k_1 = \frac{1}{k_2}$, k_1 und k_2 sind also __________ werte zueinander, so ergibt sich als Gesamtabbildung die ______________ *).

*) Vergl. Seite 16.

Ähnlichkeitsabbildung
Winkeltreue, Verhältnistreue

Zusammenfassung

- An gemeinsame Kennzeichen der bereits bekannten Abbildungen (Achsenspiegelung; Drehung; Verschiebung und Kombinationen hiervon) kannst du dich sicher noch erinnern:
  - Jede Strecke und ihre zugehörige Bildstrecke sind __________ lang.
  - Jeder Winkel und sein zugehöriger Bildwinkel sind __________ groß.

➧ Der Oberbegriff für die Abbildungen mit diesen beiden Eigenschaften lautet **Kongruenzabbildung**.

- Bei der zentrischen Streckung (mit $k \neq 0$) gilt:
  - Jeder Winkel und sein Bildwinkel sind __________ groß.
  - Die Längen von je zwei Strecken stehen im __________ Verhältnis wie die Längen ihrer Bildstrecken.

➧ Der Oberbegriff für zentrische Streckungen und Zusammensetzungen aus Kongruenzabbildungen und zentrischen Streckungen lautet **Ähnlichkeitsabbildungen**.

Definition

Eine Figur F_1 heißt **ähnlich** zu einer Figur F_2, wenn sich F_1 durch eine Ähnlichkeitsabbildung auf F_2 abbilden läßt;
in Kurzschreibweise: $F_1 \sim F_2$
lies: „F_2 ist ähnlich zu F_2“.
Daraus ergeben sich auch die beiden Ähnlichkeitssätze.

Ähnlichkeitssätze

- In ähnlichen Figuren sind die entsprechenden Winkel __________ groß.
- In ähnlichen Figuren stehen die Längen von je zwei entsprechenden Strecken im __________ Verhältnis.
  (**Verhältnistreue**)

Hinweis
Auch die Umkehrungen der Ähnlichkeitssätze lassen sich beweisen:
- Wenn die entsprechenden Winkel gleich groß sind, so sind die Figuren ähnlich.
- Wenn alle Verhältnisse von je zwei entsprechenden Strecken gleich sind, so sind die Figuren ähnlich.

Strahlensätze
1. Strahlensatz

In diesem Kapitel werden zunächst die Strahlensätze formuliert und bewiesen. Anschließend lösen wir mit ihrer Hilfe wichtige Anwendungsbeispiele.
Die Strahlensätze beziehen sich auf eine ebene Figur, die aus vier Geraden besteht. Zwei sich schneidende Geraden g und h werden wiederum von zwei Parallelen p und p′ geschnitten.
Dabei können sich zwei Grundfiguren ergeben, die wir mit denselben Buchstaben bezeichnen.

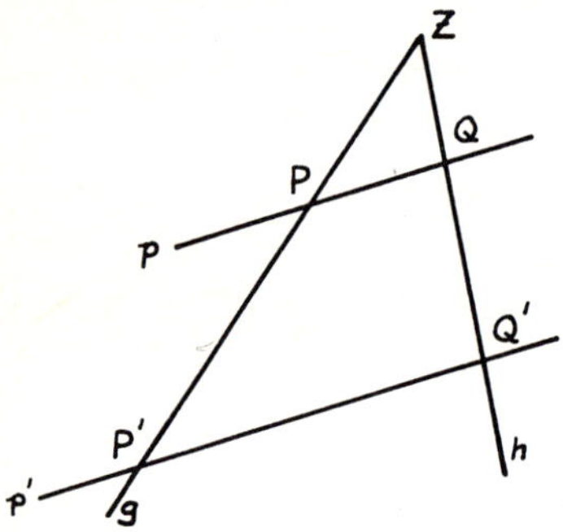

Figur 12

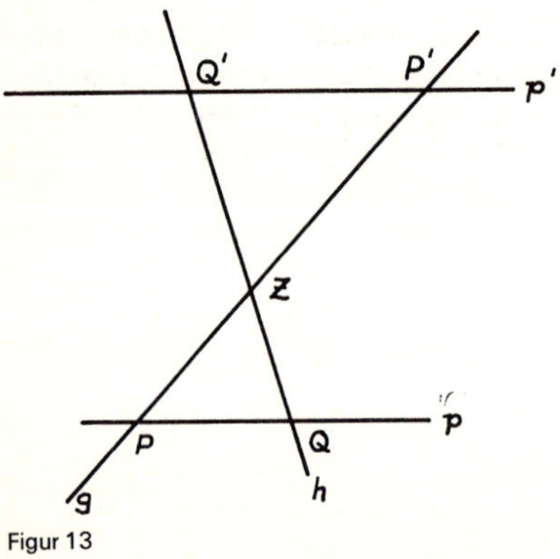

Figur 13

Stütze dich bei den Beweisen zunächst auf Figur 12 und wiederhole die Beweise anschließend an Figur 13.
Beide Figuren können wir als Ergebnis einer zentrischen Streckung auffassen; für die beiden Punkte P und Q gilt

in Figur 12 $\quad P \xmapsto{Z;\, k_1 > 0} P'$ und
$\quad Q \xmapsto{Z;\, k_1 > 0} Q'$,

in Figur 13 $\quad P \xmapsto{Z;\, k_2\ \_\_\ 0} P'$
$\quad Q \xmapsto{Z;\, k_2\ \_\_\ 0} Q'$.

1. Strahlensatz

Werden zwei sich schneidende Geraden von zwei Parallelen geschnitten, dann verhalten sich die Abschnitte auf der einen Geraden wie die entsprechenden Abschnitte auf der anderen Geraden.

Beweis:
Auf den beiden Geraden gibt es je drei Abschnitte; auf g liegen die Abschnitte $\overline{ZP}$, $\overline{ZP'}$ und $\overline{PP'}$, auf h liegen die Abschnitte $\overline{ZQ}$, $\overline{ZQ'}$ und $\overline{QQ'}$.
Der Beweis des 1. Strahlensatzes muß daher in drei Teilen geführt werden. Bei allen drei Teilen stützen wir uns auf ähnliche Dreiecke in Figur 12 bzw. Figur 12a.
Um in ähnlichen Dreiecken diejenigen Strecken zu finden, die einander entsprechen, gibt es eine einfache Regel:

! Strecken, die einander entsprechen, liegen immer gegenüber von gleich großen Winkeln.

1. Strahlensatz

Behauptung 1: $\dfrac{\overline{ZP}}{\overline{ZP'}} = \dfrac{\overline{ZQ}}{\overline{ZQ'}}$

Mit $\triangle ZPQ \sim \triangle ZP'Q'$ gilt *)

$$\frac{\overline{ZP}}{\overline{ZQ}} = \frac{\overline{ZP'}}{\overline{ZQ'}} \quad \Big| \cdot \overline{ZQ}$$

bzw. auch $\overline{ZP} = \dfrac{\overline{ZP'} \cdot \overline{ZQ}}{\overline{ZQ'}} \quad \Big| : \overline{ZP'}$

und auch $\dfrac{\overline{ZP}}{\overline{ZP'}} = \dfrac{\overline{ZQ}}{\overline{ZQ'}}$;

damit ist die Behauptung 1 bewiesen.

Beachte

Die Beweisidee gilt auch bei den folgenden Behauptungen:
Zunächst wird die Ähnlichkeit von zwei Dreiecken festgestellt (entsprechende Winkel sind jeweils gleich); dann werden die Strecken des einen Dreiecks ins Verhältnis gesetzt **), die entsprechenden Strecken im zweiten Dreieck gesucht und die beiden Verhältnisse als Gleichung geschrieben.
In Figur 12a ist noch die Strecke [PQ″] (gestrichelt) gezeichnet, wobei PQ″ parallel verläuft zu QQ′.

➧ Ergänze in Figur 12a α, β bzw. γ dort, wo Winkel gleicher Größe erneut auftauchen.

Ergänze die fehlenden Strecken in den beiden folgenden Beweisen.

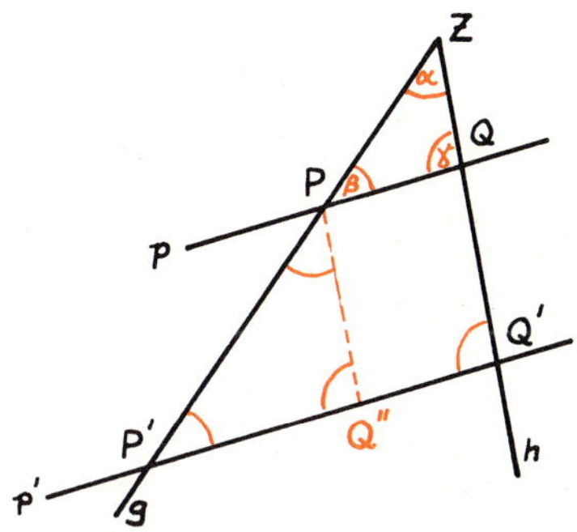

Figur 12a

Behauptung 2: $\dfrac{\overline{ZP}}{\overline{PP'}} = \dfrac{\overline{ZQ}}{\overline{QQ'}}$

Mit $\triangle ZPQ \sim \triangle PP'Q''$ gilt:

$$\frac{\overline{ZP}}{\overline{ZQ}} = \frac{\overline{PP'}}{\_\_\_} \quad \Big| \cdot \overline{ZQ}$$

bzw. auch $\overline{ZP} = \dfrac{\overline{PP'} \cdot \_\_\_}{\_\_\_} \quad \Big| : \overline{PP'}$

und auch $\dfrac{\overline{ZP}}{\overline{PP'}} = \dfrac{\_\_\_}{\_\_\_}$

In dieser letzten Gleichung können wir die Länge $\overline{PQ''}$ durch die Länge $\overline{QQ'}$ ersetzen. Denn die beiden Strecken sind im Paralelogramm PQ″Q′Q zwei gegenüberliegende Seiten und damit ________ lang.

Damit gilt: $\dfrac{\overline{ZP}}{\overline{PP'}} = \dfrac{\_\_\_}{\overline{QQ'}}$,

womit die Behauptung 2 bewiesen ist.

*) „Kleines Dreieck ähnlich zu großem Dreieck", da die entsprechenden Winkel gleich groß sind.

**) „als Bruch geschrieben".

Strahlensätze
2. Strahlensatz

Behauptung 3: $\frac{\overline{ZP'}}{\overline{PP'}} = \frac{\overline{ZQ'}}{\overline{QQ'}}$

Mit $\triangle ZP'Q' \sim \triangle PP'Q''$ gilt:

$$\frac{\overline{ZP'}}{\overline{ZQ'}} = \frac{\quad}{\quad} \qquad \Big| \cdot \overline{ZQ'}$$

bzw. auch $\overline{ZP'} = \frac{\quad \cdot \overline{ZQ'}}{\quad} \qquad \Big| : \overline{PP'}$

und auch $\frac{\overline{ZP'}}{\overline{PP'}} = \frac{\quad}{\quad}$

Auch in dieser Gleichung können wir $\overline{PQ''}$ ersetzen durch $\overline{QQ'}$.

Damit gilt: $\frac{\overline{ZP'}}{\overline{PP'}} = \frac{\quad}{\quad}$;

dies ist die Behauptung 3 *).

Die Beweise der drei Behauptungen kannst du auch an Hand der ergänzten Figur 13a nachvollziehen. Mit denselben Streckenbezeichnungen ergeben sich dieselben Begründungen.

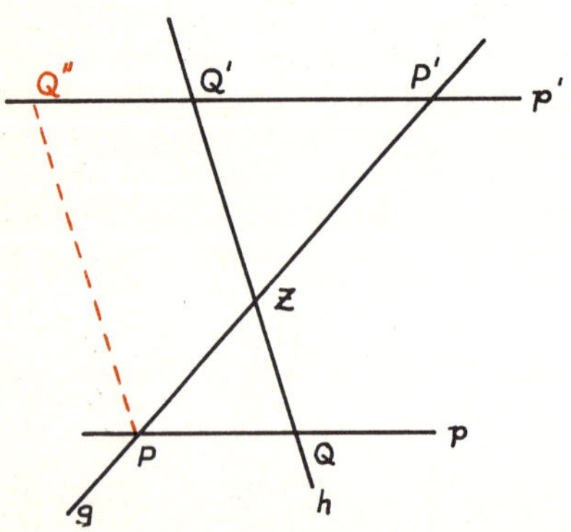

Figur 13a

Auch der 2. Strahlensatz bezieht sich auf die Figuren 12 und 13; jetzt werden die Abschnitte auf den Parallelen in die Verhältnisgleichungen einbezogen.

2. Strahlensatz

Werden zwei sich schneidende Geraden von zwei Parallelen geschnitten, dann verhalten sich die vom Geradenschnittpunkt Z aus gemessenen Abschnitte auf jeder Geraden wie die entsprechenden Abschnitte auf den Parallelen.

Beweis:

Im 2. Strahlensatz stecken zwei Behauptungen, die bewiesen werden:
Sowohl die Abschnitte auf g, als auch die Abschnitte auf h stehen im selben Verhältnis wie die Parallelstrecken.

Behauptung 1: $\frac{\overline{ZP}}{\overline{ZP'}} = \frac{\overline{PQ}}{\overline{P'Q'}}$ **)

Mit $\triangle ZPQ \sim \triangle ZP'Q'$ gilt:

$$\frac{\overline{ZP}}{\overline{PQ}} = \frac{\quad}{\quad} \qquad \Big| \cdot \overline{PQ}$$

bzw. auch $\overline{ZP} = \frac{\quad \cdot \overline{PQ}}{\quad} \qquad \Big| : \overline{ZP'}$

und auch $\frac{\overline{ZP}}{\quad} = \frac{\quad}{\quad}$;

dies ist die Behauptung 1.

*) Rein algebraisch können wir diese Behauptung 3 auch aus den beiden anderen Behauptungen folgern.

**) Streckenlängen auf g verhalten sich wie die Längen der Parallelstrecken.

Streckenteilung

Behauptung 2: $\dfrac{\overline{ZQ}}{\overline{ZQ'}} = \dfrac{\overline{PQ}}{\overline{P'Q'}}$ *)

Hier kannst du entweder die entsprechenden Beweisschritte wie bei Behauptung 1 nachvollziehen, oder du verknüpfst diese Behauptung 1 mit der Behauptung 1 vom 1. Strahlensatz:

$$\left.\begin{array}{l} \dfrac{\overline{ZP}}{\overline{ZP'}} = \dfrac{\overline{PQ}}{\overline{P'Q'}} \\[2ex] \dfrac{\overline{ZP}}{\overline{ZP'}} = \dfrac{\overline{ZQ}}{\overline{ZQ'}} \end{array}\right\} \text{damit gilt auch die Behauptung 2: } \dfrac{\overline{ZQ}}{\overline{ZQ'}} = \dfrac{\overline{PQ}}{\overline{P'Q'}}$$

Anwendungen
Streckenteilung

Beispiel

Teile die Strecke $[ZA_3]$ in 3 gleiche Teile **).

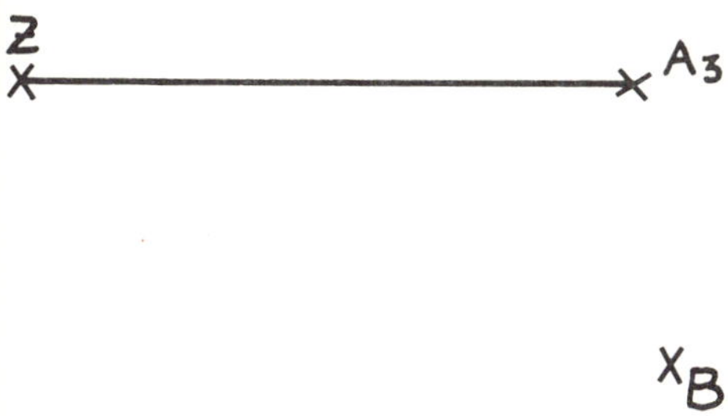

Figur 14

Lösung

- Zeichne in Figur 14 durch den (beliebigen) Punkt B (mit $B \notin ZA_3$) eine Halbgerade [ZB.
- Trage auf der Halbgeraden [ZB von Z aus drei **gleich lange** Strecken von beliebiger Länge (z. B. jeweils 1,5 cm) ab und bezeichne die entstehenden Punkte mit B_1, B_2 und B_3; hier gilt also $\overline{ZB_1} = \overline{B_1B_2} = \overline{B_2B_3}$.
- Verbinde nun B_3 gestrichelt mit A_3.
- Zeichne sowohl durch B_2, als auch durch B_1 gestrichelt die **Parallelen** zur Strecke $[B_3A_3]$.
- Bezeichne die Schnittpunkte dieser Parallelen und der Strecke $[ZA_3]$ entsprechend mit A_2 und A_1.

Diese Punkte A_1 und A_2 sind die gesuchten Punkte, die die gegebene Strecke in drei gleiche Teile teilen.

Begründung

Da die entsprechenden Punkte mit Parallelstrecken verbunden sind, besagt der 1. Strahlensatz, daß die Streckenverhältnisse auf den Geraden ZA_3 und ZB_3 gleich sind.

Mit $\overline{ZB_1} = \overline{B_1B_2} = \overline{B_2B_3}$ gilt auch $\overline{ZA_1}$ = ______ = ______ .

---

*) Streckenlängen auf h verhalten sich wie die Längen der Parallelstrecken.

**) Wenn du diese Konstruktion schon kennst (vergl. ML 38, Seite 26) kannst du auf Seite 26 weiterarbeiten.

Strahlensätze
Teilverhältnis

Aufgaben

(8) Teile die Strecke $[ZA_5]$ in fünf gleich lange Abschnitte.

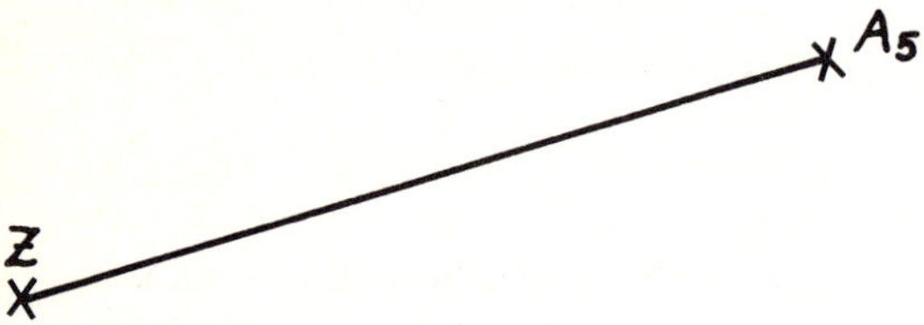

Figur 15

Hinweis: Zeichne durch Z eine Halbgerade, trage auf ihr fünf gleich lange Strecken ab ....

(9) a) Trage in Figur 16 die Punkte P (1/1) und Q (6/5) ein.

b) Teile die Strecke [PQ] in sieben gleiche Abschnitte.
(Nütze bei der Konstruktion die Karolinien.)

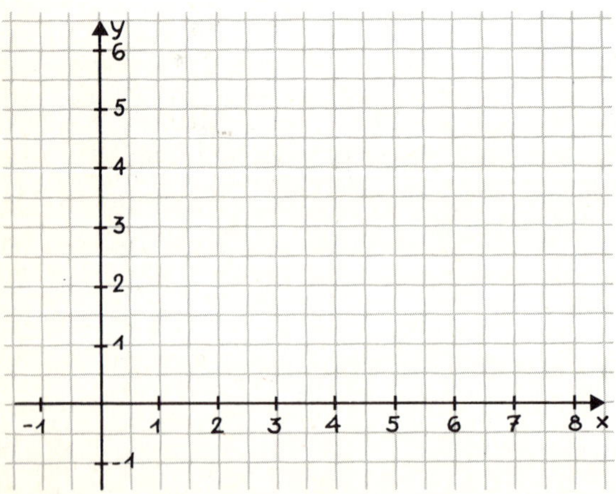

Figur 16

Harmonische Teilung

Definition

- Liegt T_i auf der Strecke $]AB[$,

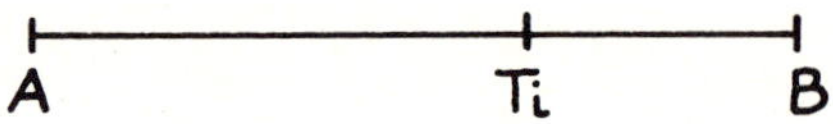

Figur 17

so heißt T_i **innerer Teilpunkt** der Strecke $[AB]$;

das Streckenverhältnis $\frac{\overline{AT_i}}{\overline{BT_i}}$ heißt **inneres Teilverhältnis.**

- Liegt T_a außerhalb der Strecke $[AB]$ auf der Geraden AB,

Figur 18

so heißt T_a **äußerer Teilpunkt** der Strecke $[AB]$;

das Streckenverhältnis $\frac{\overline{AT_a}}{\overline{T_aB}}$ heißt **äußeres Teilverhältnis.**

harmonische Teilung

Beispiel

In Figur 19 ist das Prinzip einer *harmonischen Teilung* der Strecke [AB] dargestellt.

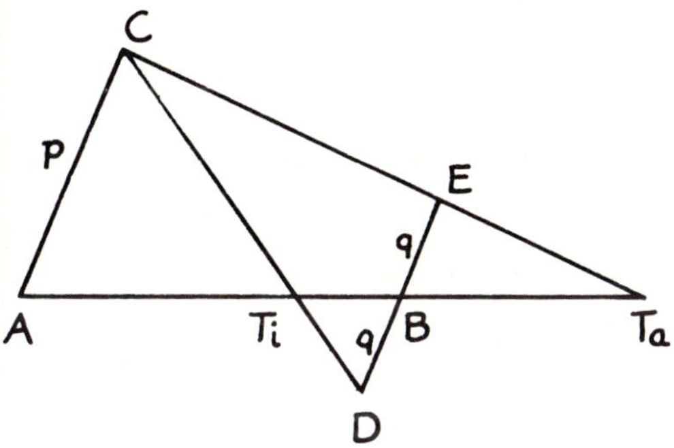

Figur 19

In Figur 19 gilt: $AC \parallel DE$ und
$\overline{AC} = p$, sowie
$\overline{BD} = \overline{BE} = q$

Unter diesen Voraussetzungen gilt:
sowohl $\triangle T_iAC \sim \triangle T_iBD$ und damit

$$\frac{\overline{AT_i}}{p} = \frac{\overline{\qquad}}{\_\_\_} \quad \text{bzw.}$$

$$\frac{\overline{AT_i}}{\overline{T_iB}} = \frac{p}{\_\_\_}$$

als auch $\triangle T_aAC \sim \triangle T_aBE$ und damit

$$\frac{\overline{AT_a}}{p} = \frac{\overline{\qquad}}{\_\_\_} \quad \text{bzw.}$$

$$\frac{\overline{AT_a}}{\overline{T_aB}} = \frac{p}{\_\_\_}$$

Die beiden Verhältnisse $\frac{\overline{AT_i}}{\overline{T_iB}}$ und $\frac{\overline{AT_a}}{\overline{T_aB}}$ sind also gleich. Die Strecke [AB] wird durch den Punkt T_i innen und durch den Punkt T_a außen jeweils im selben Verhältnis $\frac{p}{q}$ geteilt.

Definition

Wird eine Strecke [AB] durch die beiden Punkte T_i innen und durch T_a außen jeweils im selben Verhältnis geteilt, so heißt die Teilung **harmonisch**.

Beachte

Als Gleichung läßt sich die harmonische Teilung so ausdrücken:

$$\frac{\overline{AT_i}}{\overline{T_iB}} = \frac{\overline{AT_a}}{\overline{T_aB}}$$

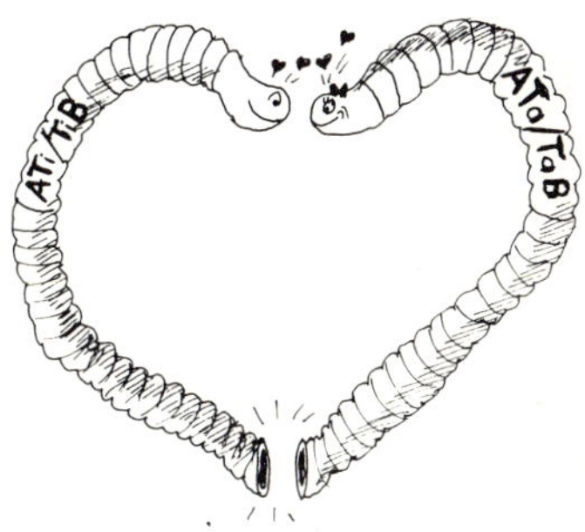

Strahlensätze
harmonische Teilung

1. Beispiel

Die Strecke [AB] der Figur 20 wird durch T_i geteilt. Konstruiere T_a, so daß [AB] durch T_i und T_a harmonisch geteilt wird.

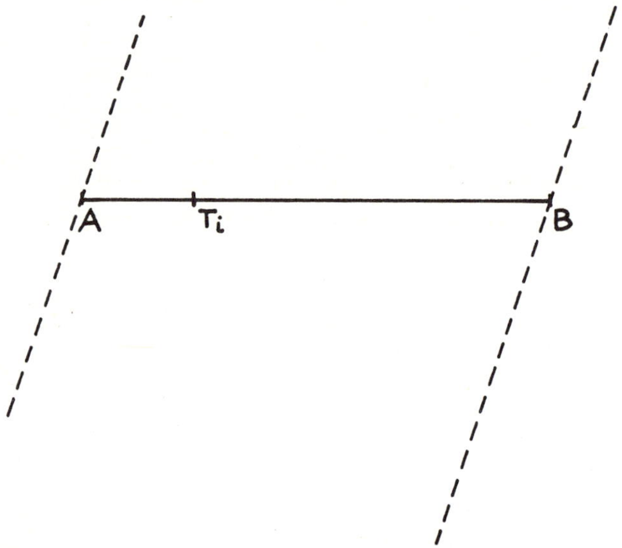

Figur 20

Lösung

Die gestrichelten Geraden durch A und B sind parallel.

- Trage von A aus auf der gestrichelten Geraden die Länge der Strecke $[AT_i]$ nach „unten" an und bezeichne den entstehenden Punkt mit C.
- Trage von B aus auf der gestrichelten Geraden die Länge der Strecke $[BT_i]$ nach „unten" an und bezeichne den entstehenden Punkt mit E.
- Der gesuchte äußere Teilpunkt T_a ergibt sich als Schnittpunkt der Geraden CE und der Geraden AB.

innerer Teilpunkt

Aufgabe

(10) a) Konstruiere in Figur 21 den inneren Teilpunkt T_i der Strecke [AB] so, daß diese von T_i und T_a harmonisch geteilt wird.

Figur 21

b) Miß die Strecken ab und berechne:

$$\frac{\overline{AT_i}}{\overline{T_iB}} = \frac{\_\_\_\ \text{cm}}{\_\_\_\ \text{cm}} = \_\_\_ .$$

$$\frac{\overline{AT_a}}{\overline{T_aB}} = \frac{\_\_\_\ \text{cm}}{\_\_\_\ \text{cm}} = \_\_\_ .$$

Strahlensätze
harmonische Teilung

2. Beispiel

Mit Hilfe der Figuren 22a und 22b kannst du dir den folgenden Satz klarmachen, den du anschließend bei entsprechenden Konstruktionen anwenden kannst:

Für zwei nebeneinander liegende Kreise k_1 (M_1; r_1) und k_2 (M_2; r_2) gilt:

Die Verbindungsstrecke der beiden Mittelpunkte [$M_1 M_2$] wird durch die inneren und äußeren Tangenten harmonisch geteilt, im Verhältnis $r_1 : r_2$.

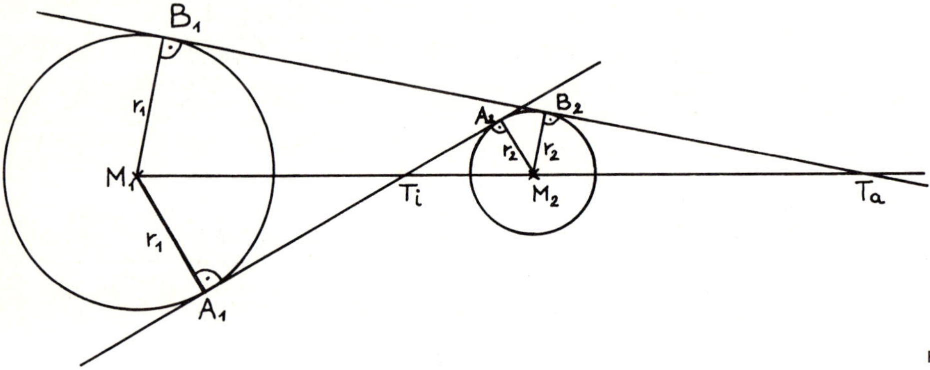

Figur 22a

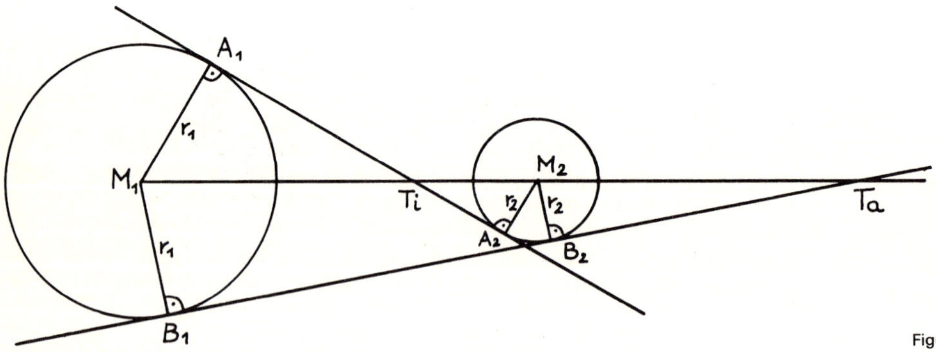

Figur 22b *)

Da die Tangenten jeweils senkrecht stehen auf den Verbindungsstrecken der Berührpunkte mit den Mittelpunkten, ergeben sich ähnliche Dreiecke.

*) Spiegelt man Figur 22a an der Geraden $M_1 M_2$, so ergibt sich Figur 22b und umgekehrt.

innere Tangente
äußere Tangente

Mit $\triangle\, T_i M_1 A_1 \sim \triangle\, T_i M_2 A_2$ gilt

$$\frac{\overline{M_1 T_i}}{\overline{T_i M_2}} = \frac{r_1}{\_\_\_}\ ^{*)};$$

mit $\triangle\, T_a M_1 B_1 \sim \triangle\, T_a M_2 B_2$ gilt

$$\frac{\overline{M_1 T_a}}{\overline{T_a M_2}} = \frac{\_\_\_}{r_2}\ ^{*)}.$$

Mit Hilfe dieser Überlegungen können wir die inneren und äußeren Tangenten an zwei nebeneinander liegende Kreise konstruieren. Beachte dabei, daß wir zunächst nur die beiden Teilpunkte T_i und T_a bestimmen. Die Hilfspunkte auf den Kreislinien sind dabei noch nicht die Berührpunkte der Tangenten. Erst mit einer nachfolgenden THALESkreis **)-konstruktion werden wir die Berührpunkte ermitteln.

*) 2. Strahlensatz
**) Vergl. ML 38, Seite 21/86.

Strahlensätze
harmonische Teilung

Aufgabe

⑪ Konstruiere die inneren und äußeren Tangenten an die beiden Kreise k_1 (M_1; r_1) und k_2 (M_2; r_2) der Figur 23.

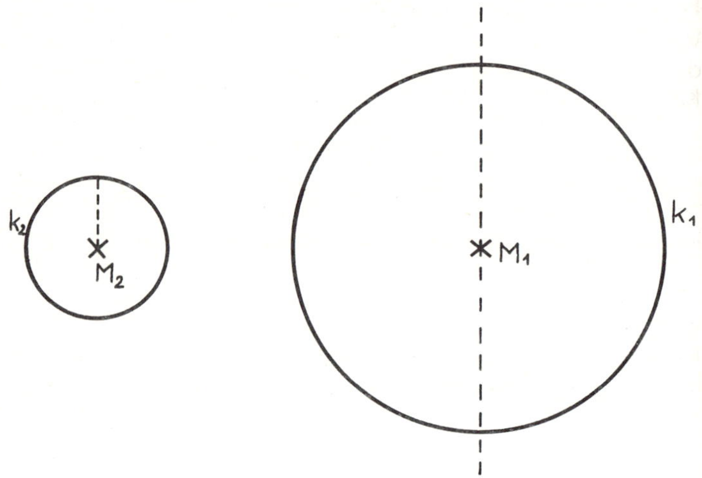

Figur 23

Lösung

➧ Zeichne die Gerade $M_1 M_2$.

In Figur 23 sind mit gestrichelten Linien zwei Parallelen durch die Kreismittelpunkte gezeichnet.

➧ Bezeichne die Schnittpunkte von k_1 mit der Parallelen mit P („unten") und Q („oben") und den Schnittpunkt von k_2 mit der Parallelen mit R.

➧ Zeichne gestrichelt die Geraden PR und QR und bezeichne die auftretenden Schnittpunkte mit $M_1 M_2$ entsprechend mit T_i und T_a.

Nun müssen wir noch von T_i und von T_a jeweils eine Tangente an k_1 bzw. k_2 konstruieren. (Dabei ist jede dieser Tangenten an einen der Kreise auch Tangente an den anderen Kreis.)

➧ Zeichne über dem Mittelpunkt H_1 von $[M_1T_i]$ den Thaleskreis und zeichne durch die Schnittpunkte mit k_1 und T_i die beiden inneren Tangenten.

➧ Zeichne über dem Mittelpunkt H_2 von $[M_2T_a]$ den THALESkreis und zeichne durch die Schnittpunkte mit k_2 und T_a die beiden äußeren Tangenten.

Längenberechnungen

1. Beispiel

Mit einer Spiegelreflexkamera kann die Höhe eines Baumes bestimmt werden:

Wie hoch ist der Baum, wenn er gerade auf den Bildausschnitt im Hochformat der Kamera paßt? *)

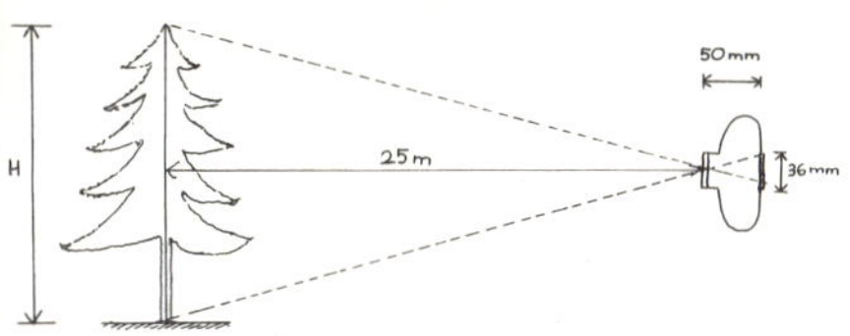

Figur 24

Lösung:

Die Figur 24 legt die Anwendung der Gesetzmäßigkeiten der zentrischen Streckung nahe. „Das linke große Dreieck ist ähnlich zum rechten kleinen Dreieck."
Aus der Verhältnistreue (vergl. Seite 12) ergibt sich für die Maße dieses Beispiels:

$$\frac{H}{25\,m} = \frac{36\,mm}{\_\_\_\_\_\_}$$

Löse diese Gleichung auf einem Beiblatt und berechne H.
Der Baum ist ______ m hoch.

---

*) Zitiert nach: Lehrplanentwurf der Freien Hansestadt Bremen für Mathematik Gymnasium Klasse 9 (1981).

2. Beispiel

Die Höhe eines Fahnenmastes kannst du – bei Sonnenschein – z. B. mit Hilfe der Schattenlänge und deiner eigenen Körpergröße messen. Stelle dich so auf, daß dein eigener Schatten im selben Punkt endet wie der Schatten des Mastes und bestimme die Längen, die in der Zeichnung bereits als bekannt eingetragen sind.

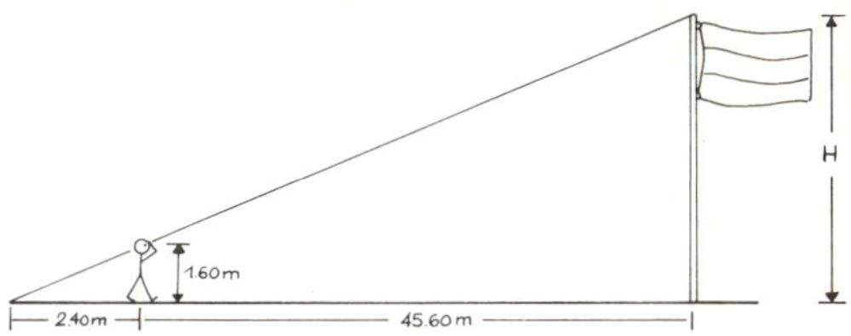

Figur 25

Lösung:

Auch in Figur 25 erkennst du wieder ähnlich Dreiecke, und wir können den 2. Strahlensatz anwenden.

⚠ VORSICHT ⚠

So, wie die Maße in Figur 25 angegeben sind, verführen sie leicht zu einem Fehler!

Nur eine der folgenden Gleichungen I und II ist richtig. Streiche die falsche Gleichung und berechne mit Hilfe der richtigen Gleichung die gesuchte Größe H.

I $\quad \frac{H}{45{,}6\,m} = \frac{1{,}6\,m}{2{,}4\,m}$

II $\quad \frac{H}{45{,}6\,m + 2{,}4\,m} = \frac{1{,}6\,m}{2{,}4\,m}$

Damit gilt:

Der Fahnenmast ist ______ m hoch.

Strahlensätze
Längenberechnungen

3. Beispiel

Die Breite einer Schlucht – jenseits steht ein Baum am Rand der Schlucht – kann indirekt mit Hilfe von Peilstangen *) bestimmt werden.

Die Anordnung der vier Peilstangen und des Baumes von oben gesehen ist in Figur 26 dargestellt.

Berechne die Schluchtbreite b.

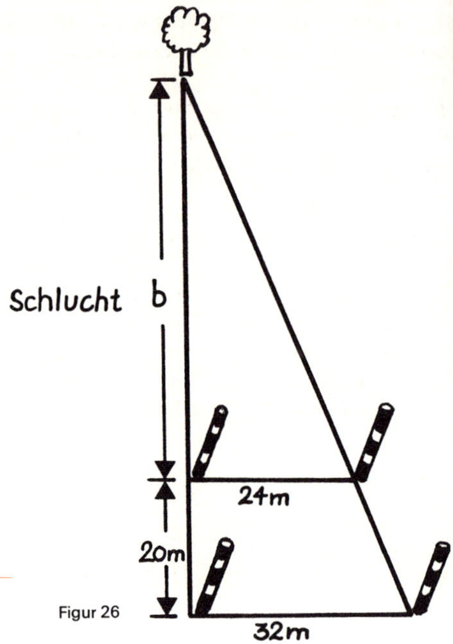

Figur 26

Lösung:

In Figur 26 erkennst du, daß das „obere" Dreieck ähnlich ist zum „ganzen" Dreieck. Damit kannst du folgende Verhältnisgleichung vervollständigen:

$$\frac{b}{24\,m} = \frac{b + 20\,m}{\underline{\qquad\qquad}} \quad \Big|\cdot 24\,m \cdot \underline{\qquad\qquad}$$

$$\Leftrightarrow b \cdot \underline{\qquad\qquad} = (b + 20\,m) \cdot 24\,m \quad |:m$$

$$\Leftrightarrow \underline{\qquad\qquad}\, b = 24\,b + \underline{\qquad\qquad}\, m \quad |-24\,b$$

$$\Leftrightarrow \underline{\qquad\qquad}\, b = \underline{\qquad\qquad}\, m$$

$$\Leftrightarrow b = \underline{\qquad\qquad}\, m$$

Die Schlucht ist ________ m breit.

*) Die Peilstangen müssen so gesteckt werden, daß sie mit dem Baum – jenseits der Schlucht – jeweils auf einer Geraden liegen.

Aufgaben

⑫ Daumensprung

Wenn du auf einer Wanderung die Länge der Luftlinie zwischen zwei Berggipfeln kennst – z. B. aus einer Wanderkarte –, kannst du deine eigene Entfernung von diesen Gipfeln auf folgende Weise bestimmen:

Daumensprung
Streckenverhältnis

Peile über deinen Daumen und halte ihn so, daß er bei geschlossenem linken Auge mit dem Gipfel A zur Deckung kommt und bei geschlossenem rechten Auge den Gipfel B überdeckt (prinzipielle Darstellung in Figur 27).

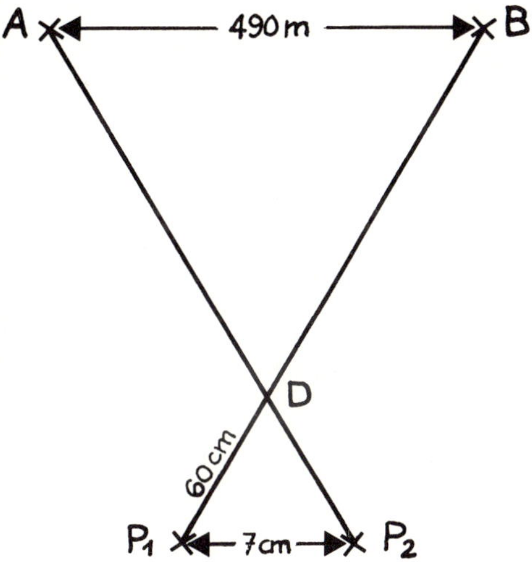

Figur 27

Berechne die Länge der Strecke $\overline{DA}$ mit $\overline{AB} = 490\,m$, $\overline{P_1P_2} = 7\,cm$ (Pupillenabstand), $\overline{DP_2} = 60\,cm$ (Abstand des Daumens von den Augen bzw. Armlänge). (Berechne auf einem Beiblatt.)

Die Länge der Strecke $\overline{DA}$ beträgt

________ m.

(13) Zu drei gegebenen Strecken a, b und c läßt sich eine vierte Strecke x so finden, daß die Verhältnisgleichung

$$\frac{a}{b} = \frac{c}{x}$$

erfüllt ist.

a) Ergänze in Figur 28 die Strecke x, so daß die Verhältnisgleichung erfüllt ist.

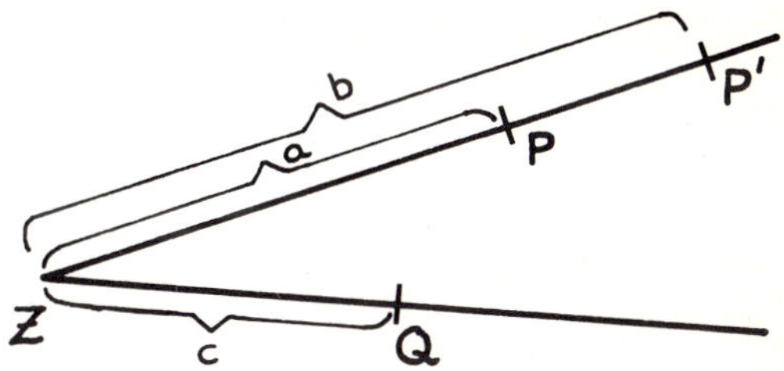

Figur 28

b) Zeichne auch in Figur 29 die Strecke x ein, so daß die oben angegebene Verhältnisgleichung erfüllt ist.

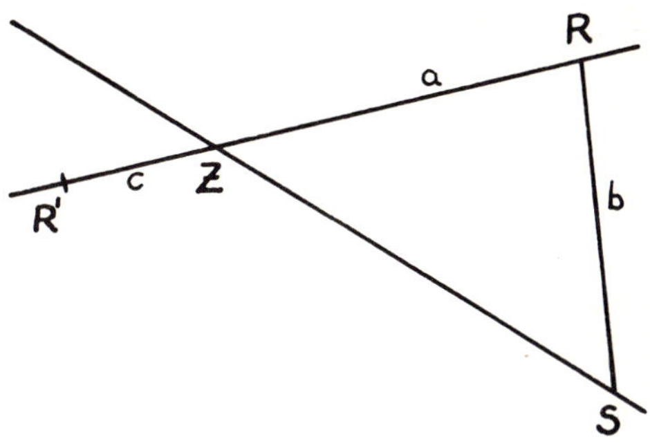

Figur 29

Strahlensätze
Längenberechnungen

c) Nun sind die Längen gegeben:
$a = 5\,\text{cm}$, $b = 12\,\text{cm}$, $c = 7{,}5\,\text{cm}$.
Berechne auf einem Beiblatt die Länge der Strecke x, so daß die Verhältnisgleichung $\frac{a}{b} = \frac{c}{x}$ erfüllt ist.

Es ergibt sich: $x =$ ______ cm.

⑭ Die Punkte P, Q, T_i, T_a liegen auf einer Geraden. Gegeben sind die Längen:
$\overline{PQ} = 12\,\text{cm}$, $\overline{PT_i} = 9\,\text{cm}$.
Bestimme auf einem Beiblatt die Längen der Strecken $\overline{PT_a}$ und $\overline{T_aQ}$, so daß die Punkte T_i und T_a die Strecke [PQ] harmonisch teilen.

Es ergibt sich: $\overline{PT_a} =$ ______ cm;

$\overline{T_aQ} =$ ______ cm.

⑮ Wieder liegen die Punkte P, Q, T_i, T_a auf einer Geraden mit $\overline{PT_i} = 4\,\text{cm}$ und $\overline{T_iT_a} = 12\,\text{cm}$.

Bestimme die Länge der Strecke $\overline{PQ}$, so daß die Punkte T_i und T_a die Strecke PQ harmonisch teilen.

Lösungshilfe

Lege dir zunächst eine Planfigur an, in die du die gegebenen Strecken einträgst:

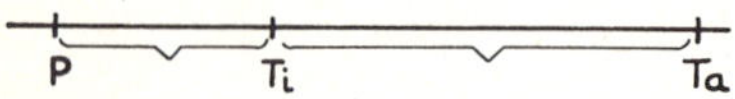

Figur 30

➧ Markiere nun zwischen T_i und T_a den Punkt Q und bezeichne die Strecke $\overline{T_iQ}$ mit x.

● Damit lassen sich alle Strecken für die Verhältnisgleichung ausdrücken:

$\overline{PT_i} = 4\,\text{cm}$; $\overline{PT_a} =$ ______ cm;

$\overline{T_iQ} = x$; $\overline{T_aQ} = 12\,\text{cm} - x$.

● Setze diese Strecken in die Gleichung ein:

$$\frac{\overline{PT_i}}{\overline{T_iQ}} = \frac{\overline{PT_a}}{\overline{T_aQ}}$$

$$\Rightarrow \frac{4\,\text{cm}}{x} = \frac{\_\_\_\_\_\_\,\text{cm}}{12\,\text{cm} - x} \quad \Big| \cdot x\,(12\,\text{cm} - x)$$

$$\Rightarrow 4\,\text{cm} \cdot (\_\_\_\_\_\_) = \_\_\_\,\text{cm} \cdot \_\_\_\_\_\_$$

Berechne auf einem Beiblatt aus dieser Gleichung die Länge der Strecke x.

Es ergibt sich: $x =$ ______ cm

und damit: $\overline{PQ} =$ ______ cm.

Trapez schiefe Ebene

(16) Wenn man bei einem Trapez (das ist ein Viereck mit zwei parallelen Seiten) die beiden nicht parallelen Seiten bis zu ihrem Schnittpunkt verlängert, entsteht eine Figur, für die die Strahlensätze gelten.

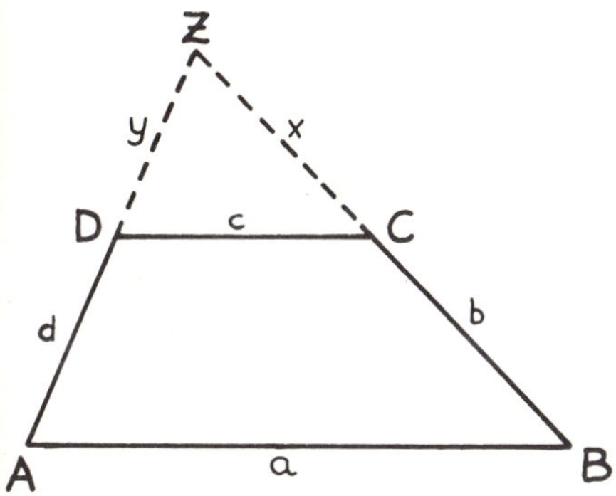

Figur 31

Im Trapez ABCD sei a = 12 cm, b = 15 cm, c = 3 cm, d = 12 cm.

(Nimm Figur 31 als Planfigur und trage dort die gegebenen Maße ein.)

a) Berechne – auf einem Beiblatt – die Länge der Seite $\overline{CZ}$ im Ergänzungsdreieck △ CZD:

$\overline{CZ}$ = ___ cm.

b) Berechne auf einem Beiblatt die Länge der Seite $\overline{DZ}$:

$\overline{DZ}$ = ___ cm.

Schiefe Ebene

Wir übernehmen aus der Physik, daß in der Standardfigur der schiefen Ebene die Winkel α, β und $\gamma = 90°$ des „großen" Dreiecks auch in den „kleinen" Dreiecken auftreten. Damit gilt die Ähnlichkeit:

△ ABC ~ △ A′B′C′

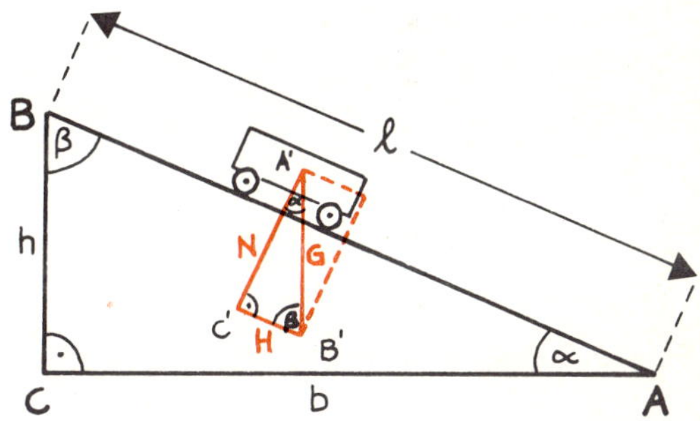

Figur 32

Die physikalischen Bezeichnungen der Dreiecksseiten lauten

im △ ABC:

$\overline{AB}$ = l Länge der schiefen Ebene

$\overline{BC}$ = h Höhe der schiefen Ebene

$\overline{AC}$ = b Basis der schiefen Ebene

(Die Einheit für l, h und b ist m für Meter.)

im △ A′B′C′:

$\overline{A'B'}$ = G Gewichtskraft

$\overline{B'C'}$ = H Hangabtriebskraft

$\overline{A'C'}$ = N Normalkraft

(Die Einheit für G, H und N ist N für NEWTON.)

Strahlensätze
Umfangswinkel

Mit diesen Bezeichnungen kannst du auf Grund der Ähnlichkeit die Formeln der schiefen Ebene aufstellen *):

Mit $\triangle ABC \sim \triangle A'B'C'$ gilt:

$$\frac{h}{l} = \frac{H}{\_\_\_}$$

und

$$\frac{h}{b} = \frac{\_\_\_}{\_\_\_}$$

sowie

$$\frac{b}{l} = \frac{\_\_\_}{\_\_\_}$$

Aufgaben

⑰ Berechne auf einem Beiblatt mit Hilfe der obigen Formeln die gesuchten Größen und trage deine Ergebnisse hier ein.

a) Gegeben: h = 2 m
l = 5 m
G = 100 N
Gesucht: Hangabtriebskraft H
Ergebnis: H = __________ N

b) Gegeben: b = 4 m
N = 100 N
G = 120 N
Gesucht: Länge der schiefen Ebene l
Ergebnis: l = ______ m

*) Erinnere dich: Für ähnliche Dreiecke gilt: Strecken, die einander entsprechen, liegen immer gegenüber von gleich großen Winkeln.

**) α und α' sind Umfangswinkel über dem Kreisbogen BB′, und damit sind sie gleich; vergl. ML 38, Seite 89.

Sehnensatz

Zeichnet man durch einen Punkt P innerhalb eines Kreises zwei beliebige Sehnen, dann ist das Produkt aus den Längen der Sehnenabschnitte für jede Sehne konstant.

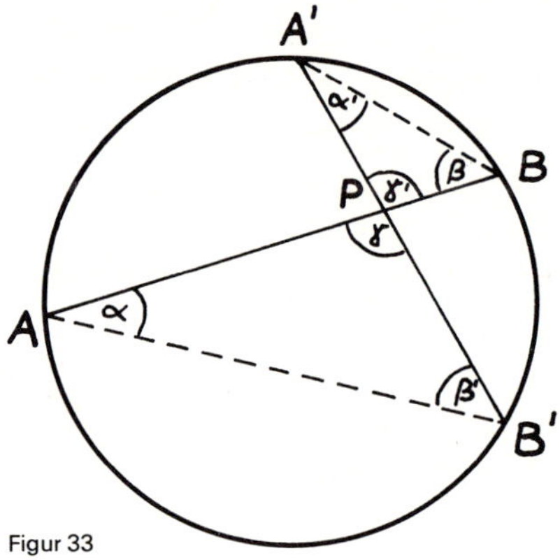

Figur 33

Beweis:

Zunächst müssen wir zeigen, daß die beiden Dreiecke $\triangle PAB'$ und $\triangle PA'B$ ähnlich sind:

Es gilt: $\gamma = \gamma'$ (Scheitelwinkel)
sowie: $\alpha = \alpha'$ (Umfangswinkel **))

Damit gilt auch $\beta = \beta'$ (Winkelsumme im Dreieck, bzw. Umfangswinkel über $\widehat{AA'}$).

Mit $\triangle PAB' \sim \triangle PA'B$ gilt

$$\frac{\overline{PA}}{\overline{PB'}} = \frac{\_\_\_}{\overline{PB}} \quad \Big| \cdot \overline{PB'} \cdot \overline{PB}$$

$$\Rightarrow \overline{PA} \cdot \overline{PB} = \_\_\_ \cdot \overline{PB'}$$

Damit ist der Sehnensatz bewiesen.

Sekantensatz
Sekanten-Tangenten-Satz

Wenn der Schnittpunkt der Geraden AB und A′B′ außerhalb des Kreises liegt, ergibt sich ein fast gleichlautender Satz.

Sekantensatz

Zeichnet man durch einen Punkt P außerhalb eines Kreises zwei beliebige Sekanten, dann ist das Produkt der von P aus gemessenen Sekantenabschnitte für jede Sekante konstant.

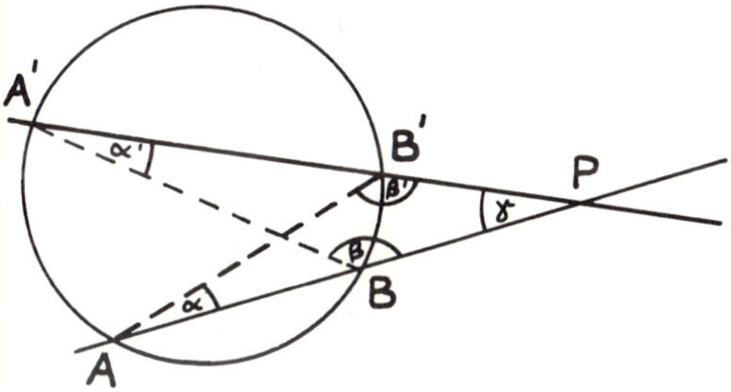

Figur 34

Beweis:

Wieder sind die beiden Dreiecke △ PAB′ und △ PA′B ähnlich, da sie den Winkel γ gemeinsam haben und $\alpha = \alpha'$ (Umfangswinkel über $\widehat{BB'}$) ist.

Mit △ PAB′ ~ △ PA′B gilt wieder

$$\frac{\overline{PA}}{\overline{PB'}} = \frac{\_\_\_\_}{\_\_\_\_} \quad \Big| \cdot \overline{PB'} \cdot \overline{PB}$$

$$\Rightarrow \overline{PA} \cdot \overline{PB} = \_\_\_\_ \cdot \_\_\_\_$$

Damit ist der Sekantensatz bewiesen.

Ein Sonderfall dieses Sekantensatzes ergibt sich, falls eine der von P ausgehenden Geraden den Kreis nicht mehr als Sekante schneidet, sondern als Tangente berührt.

Sekanten-Tangenten-Satz

Schneiden sich eine Tangente und eine Sekante eines Kreises im Punkt P, dann ist das Produkt der von P aus gemessenen Sekantenabschnitte gleich dem Quadrat des Tangentenabschnittes.

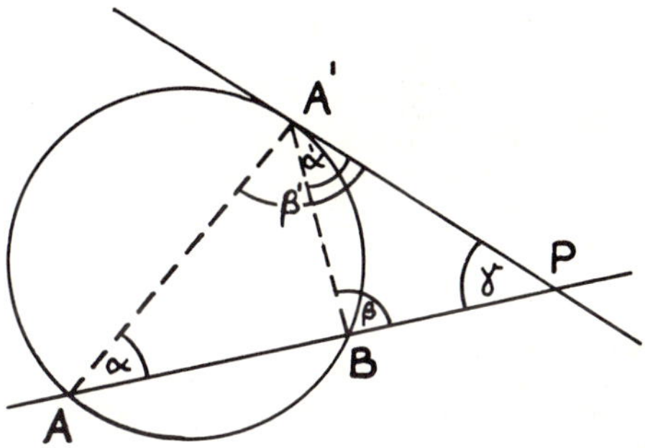

Figur 35

Beweis:

In Figur 35 sind die Dreiecke △ PAA′ und △ PA′B ähnlich, da sie den Winkel γ gemeinsam haben und $\alpha = \alpha'$ *) ist.

Mit △ PAA′ ~ △ PA′B gilt

$$\frac{\overline{PA}}{\overline{PA'}} = \frac{\_\_\_\_}{\overline{PB}} \quad \Big| \cdot \overline{PA'} \cdot \overline{PB}$$

$$\Rightarrow \quad \overline{PA} \cdot \overline{PB} = \_\_\_\_ \cdot \_\_\_\_$$

$$\text{bzw.} \quad \overline{PA} \cdot \overline{PB} = \_\_\_\_^{\,2}$$

Damit ist der Sekanten-Tangenten-Satz bewiesen.

---

*) Vergl. ML 38, Seite 87/90; aus Mittelpunktswinkelsatz und Sehnen-Tangenten-Winkel-Satz folgt für Figur 37: $\alpha = \alpha'$.

Strahlensätze
Flächenverwandlung

Wenn wir die Streckengleichungen

$\overline{PA} \cdot \overline{PB} = \overline{PA'} \cdot \overline{PB'}$ und

$\overline{PA} \cdot \overline{PB} = \overline{PA'}^{\,2}$ als Flächengleichungen von Rechtecken bzw. Quadraten auffassen, können wir mit ihrer Hilfe Flächenverwandlungen durchführen.

Beispiel

Im Rahmen der Flurbereinigung soll ein Bauer sein rechteckiges Feld mit den Seitenlängen $x = 60\,m$ und $y = 35\,m$ tauschen gegen ein quadratisches Feld mit gleicher Fläche.
Konstruiere die Seitenlänge des quadratischen Feldes.

Lösung:

Mit dem Maßstab 1 : 1000
(d.h. 10 m $\triangleq$ 1 cm) können wir das rechteckige Grundstück zeichnen:

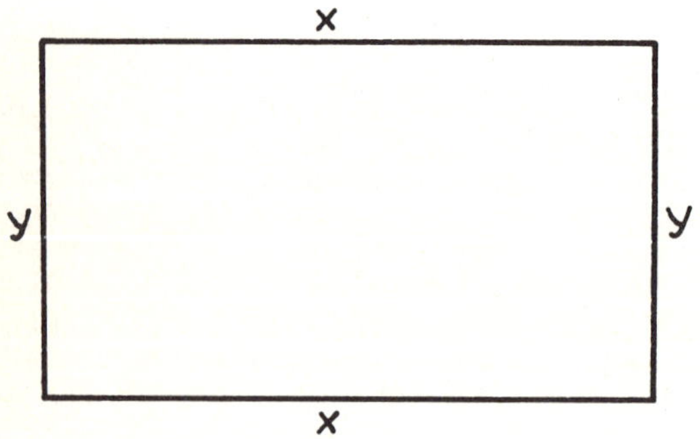

Figur 36

Wir suchen die Seitenlänge s des quadratischen Grundstückes, so daß gilt:

$x \cdot y = s^2$.

Figur 37 dient als Planfigur, und dort sind x und y die Sekantenabschnitte mit $\overline{PA} = x$ und $\overline{PB} = y$.

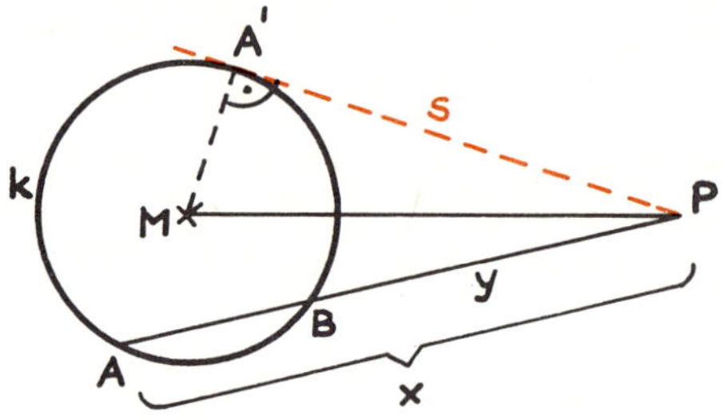

Figur 37

Damit wir den Sekanten-Tangenten-Satz anwenden können, müssen wir einen Kreis k finden mit $A \in k$ und $B \in k$; wenn wir dann von P aus die Tangente an diesen Kreis konstruieren, haben wir die gesuchte Quadratseite s gefunden.

- Für den Mittelpunkt M des gesuchten Kreises k gilt:
  M liegt auf der ________ senkrechten der Strecke [AB].
- Der gesuchte Punkt A′ liegt auf dem ________kreis über der Strecke [MP].

➧ Zeichne mit gestrichelter Linie die Mittelsenkrechte der Strecke [AB] in die Figur 38 ein.

THALESkreis

Figur 38

- ➧ Wähle auf der gezeichneten Mittelsenkrechten einen Punkt M und zeichne den Kreis k (M; r = $\overline{MA}$)
- ➧ Verbinde M und P und zeichne – gestrichelt – den THALESkreis über [MP].

Der Schnittpunkt des THALESkreises mit dem Kreis k ist der gesuchte Punkt A′.

- Miß in deiner Zeichnung die Länge der Strecke $\overline{A'P}$ = ______ cm
  und schließe dann auf die gesuchte Seitenlänge des quadratischen Feldes:
  s = ______ m.
- Berechne s · s = ______ m · ______ m =
  = ______ m^2

Je genauer du gezeichnet hast, desto genauer stimmt dieser berechnete Wert für s^2 mit dem Wert

x · y = 60 m · 35 m =
= ______ m^2 überein.

Einbeschreibungsaufgaben

Definition

Man spricht von einem einbeschriebenen Vieleck, wenn alle Eckpunkte dieses Vielecks auf den Begrenzungslinien einer zweiten Figur liegen.
In Figur 39 ist das Dreieck ABC dem Dreieck PQR einbeschrieben.

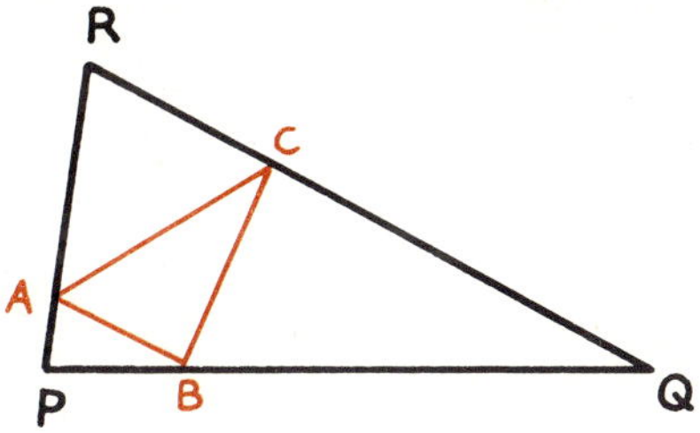

Figur 39

In Figur 40 ist das Rechteck ABCD dem Halbkreis um M einbeschrieben.

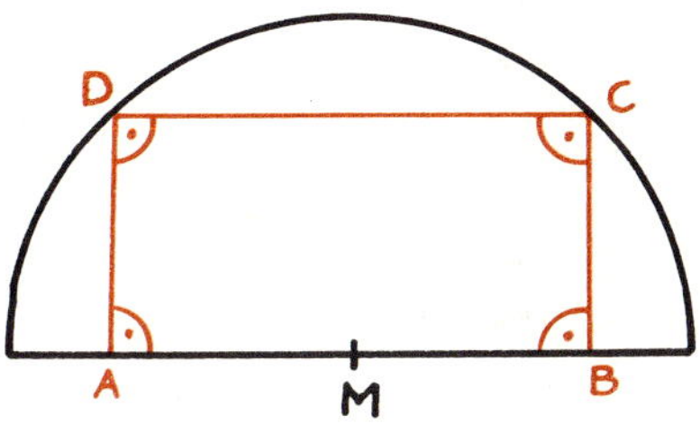

Figur 40

Strahlensätze
Einbeschreibungsaufgaben

Beispiel

Konstruiere in Figur 41 das Dreieck ABC mit folgenden Eigenschaften:

1. $\triangle$ ABC ist dem $\triangle$ PQR einbeschrieben.
2. AB || QR
3. $\overline{AC} : \overline{BC} = 2:1$

Hinweis: Figur 39 kann als Planfigur dienen.

Lösung:

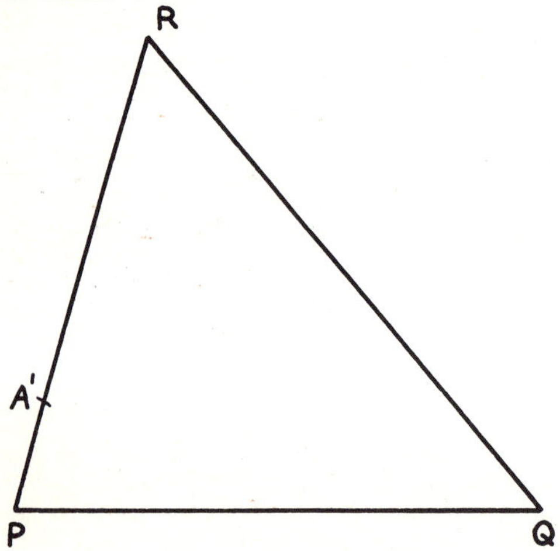

Figur 41

➧ In Figur 41 ist auf der Strecke [PR] ein beliebiger Punkt A′ gewählt *); zeichne durch A′ mit gestrichelter Linie die Parallele zu QR und nenne den Schnittpunkt mit der Strecke [PQ] Punkt B′.

➧ Konstruiere den Punkt C′ mit $\overline{A'C'}$ = 2 cm und $\overline{B'C'}$ = 1 cm **) und verbinde mit gestrichelter Linie C′ mit A′ und B′.

Das Dreieck A′B′C′ erfüllt bereits die 2. und 3. Eigenschaft. Das Dreieck A′B′C′ ist also ähnlich zu dem gesuchten Dreieck ABC, aber es ist „noch" nicht einbeschrieben.

Wenn wir das Dreieck A′B′C′ durch eine zentrische Streckung so abbilden, daß das Bilddreieck dem Dreieck PQR einbeschrieben ist, hat auch dieses Bilddreieck die geforderten Eigenschaften 2 und 3.

- Als Zentrum der zentrischen Streckung kommt nur der Punkt ___ in Frage, denn der Bildpunkt A soll auf der Strecke [PR] und der Bildpunkt B auf der Strecke [PQ] liegen.

➧ Zeichne mit gestrichelter Linie die Gerade PC′ und bezeichne ihren Schnittpunkt mit der Strecke [QR] mit C.

Damit ist der erste Eckpunkt des gesuchten Dreiecks ABC gefunden.

➧ Zeichne mit Farbe durch C die Parallele zu A′C′ und bezeichne ihren Schnittpunkt mit der Strecke [PR] mit ___.

➧ Zeichne mit Farbe durch C die Parallele zu B′C′ und bezeichne ihren Schnittpunkt mit der Strecke [PQ] mit ___.

➧ Verbinde nun noch mit Farbe die beiden Punkte A und B.

---

*) Die Bezeichnung A′ soll ausdrücken, daß dieser Punkt noch nicht der gesuchte Punkt A ist.

**) Da nur das Seitenverhältnis gegeben ist, hätten wir als Seitenlängen des Hilfsdreiecks auch $\overline{A'C'}$ = 3 cm und $\overline{B'C'}$ = 1,5 cm oder auch $\overline{A'C'}$ = 4 cm und $\overline{B'C'}$ = 2 cm etc. wählen können.

Einbeschreibungsaufgaben

- Das farbig gezeichnete Dreieck ABC und das gestrichelte Dreieck A′B′C′ sind ______________ zueinander, da die entsprechenden Dreieckseiten ______________ zueinander verlaufen.

Damit erfüllt das Dreieck ABC die drei geforderten Eigenschaften.

Aufgaben

(18) Beschreibe in den Halbkreis um M (Figur 42) ein Rechteck ABCD ein, dessen Seiten im Verhältnis a : b = 6 : 4 stehen, und dessen Seite a auf dem Durchmesser des Halbkreises liegt. (Figur 40 kann als Planfigur dienen.)

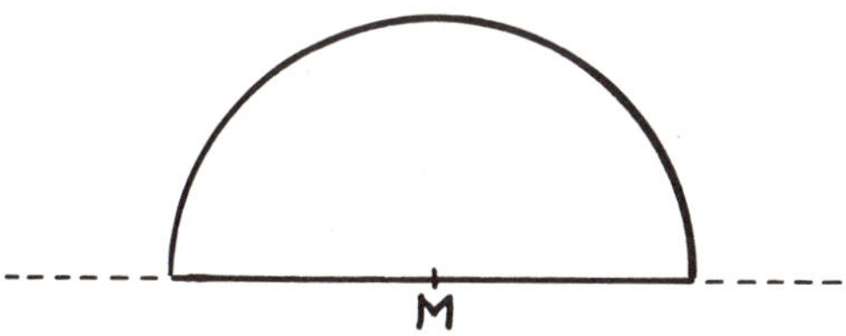

Figur 42

Hinweise:

➧ Markiere auf der gestrichelten Geraden die Punkte A′ und B′ mit $\overline{A'M} = \overline{MB'} = 3$ cm.

➧ Ergänze die Punkte C′ und D′ und zeichne das Rechteck A′B′C′D′ mit a′ = 6 cm und b′ = 4 cm.

➧ Verbinde mit gestrichelten Linien M mit C′ und D′ und nenne die Schnittpunkte mit dem Halbkreis C und D.

➧ Ergänze C und D zum Rechteck ABCD.

(19) Beschreibe in das Dreieck ABC (Figur 43) ein Quadrat PQRS ein.

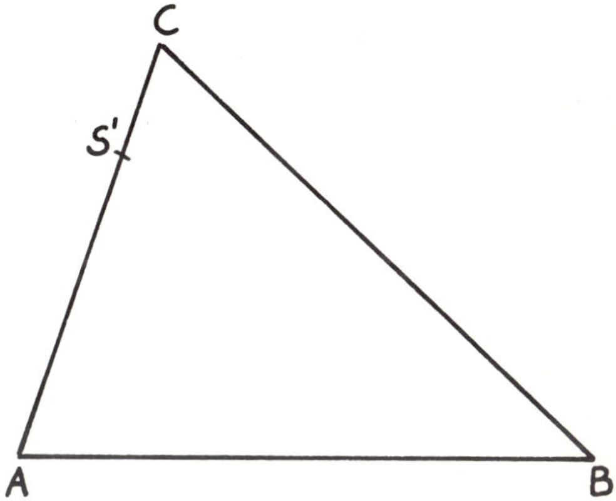

Figur 43

Hinweise:

Mit Hilfe der Planfigur (Figur 44a) kannst du dir klar machen:

- Zwei der Quadrateckpunkte (hier P und Q) liegen auf einer Dreieckseite, die gegenüberliegende Quadratseite verläuft parallel zu dieser Dreieckseite.

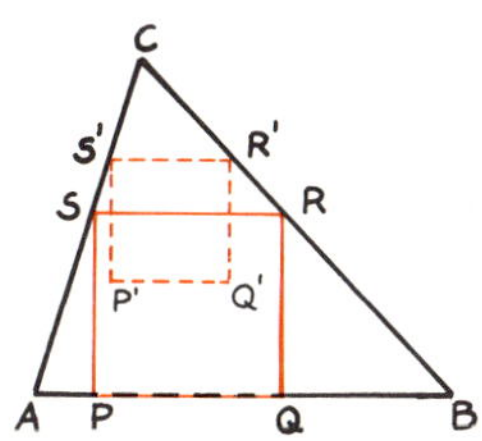

Figur 44a

Strahlensätze
Dreieckskonstruktionen

- Zeichne in Figur 43 durch den beliebig gewählten Hilfspunkt S′ mit gestrichelter Linie die Parallele zu AB und bezeichne den Schnittpunkt mit [BC] mit R′.
- Ergänze R′ und S′ zum Quadrat P′Q′R′S′.
- Zeichne mit gestrichelter Linie die Halbgerade [CP′ und [CQ′ und bezeichne die Schnittpunkte mit [AB] mit P und Q.
- Ergänze P und Q zum Quadrat PQRS.

- Das Quadrat P′Q′R′S′ wurde zentrisch gestreckt mit dem Zentrum ___ .

Beachte:

Zu Aufgabe (19) gibt es drei verschiedene Lösungen. Da △ ABC spitzwinklig ist, können auch auf [BC] oder auf [AC] zwei Quadrateckpunkte liegen (Figur 44b).

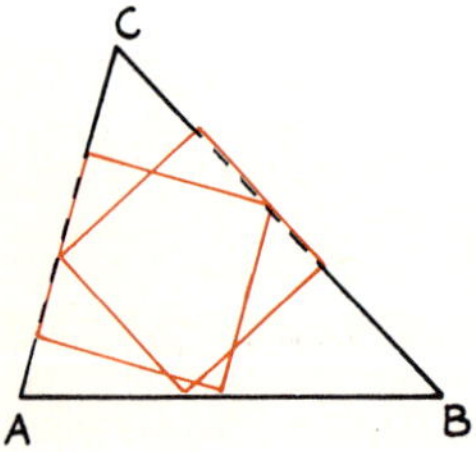

Figur 44b

Überlege

Wieviele Lösungen hat die Aufgabe (19), wenn das Dreieck rechtwinklig bzw. wenn es stumpfwinklig ist?

Dreieckskonstruktionen

Zum Abschluß dieses Kapitels lernst du noch Beispiele für Dreieckskonstruktionen kennen, die mit Hilfe ähnlicher Dreiecke gelöst werden können.

Beispiel

Konstruiere ein Dreieck ABC mit dem Umfang u = 8 cm und den Streckenverhältnissen a : b = 9 : 8 und b : c = 4 : 3.
In der Planfigur (Figur 45) ist das Prinzip der Konstruktion dargestellt.

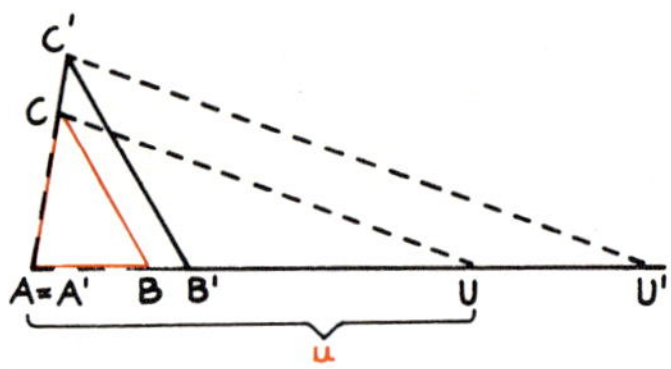

Figur 45

Konstruktion

- Zunächst muß ein Dreieck A′B′C′ mit den geforderten Streckenverhältnissen konstruiert werden.

$a : b = 9 : 8$ und $4 : 3 = b : c$

Diese beiden Zahlen müssen übereinstimmen, damit das Hilfsdreieck A′B′C′ mit Hilfe der drei Seitenlängen konstruiert werden kann.

Statt $a : b = 9 : 8$

können wir auch schreiben:

$a : b =$ ______ $: 4$

Dreieckskonstruktionen

➧ Konstruiere in Figur 46 das Dreieck $A'B'C'$ mit $a' =$ ______ cm; $b' = 4$ cm und $c' = 3$ cm.

Figur 46

➧ Trage auf der Halbgeraden $[A'B'$ den Umfang u' des Hilfsdreiecks $A'B'C'$ ab mit $\overline{A'U'} = u' = a' + b' + c'$.

➧ Trage auf der Halbgeraden $[A'B'$ den Umfang u des gesuchten Dreiecks ABC ab mit $\overline{A'U} = u = 8$ cm.

➧ Verbinde (mit gestrichelter Linie) C' und U'.

➧ Zeichne durch U die Parallele zu $C'U'$.

➧ Bezeichne den Schnittpunkt dieser Parallelen mit $[A'C']$ mit C.

➧ Zeichne durch C die Parallele zu $B'C'$ und bezeichne ihren Schnittpunkt mit $[A'B']$ mit B.

Aufgabe

(20) Konstruiere (in Figur 47) ein Dreieck ABC mit $\alpha = 60°$; $\beta = 50°$ und $h_c = 4$ cm.

Figur 47

Hinweis: Konstruiere $\triangle A'B'C'$ mit $\alpha' = \alpha = 60°$ und $\beta' = \beta = 50°$; für C' gilt $C' = C$. Zeichne h'_c und h_c ein;

$$\triangle A'B'C' \xmapsto{C;\ k = \frac{h'_c}{h_c}} \triangle ABC.$$

Satzgruppe des PYTHAGORAS
Kathetensätze

Der Satz des PYTHAGORAS ist sicher der bekannteste Satz der Mathematik – vielleicht, weil er bei der Lösung vieler praktischer Probleme angewandt wird. Einige dieser Anwendungsmöglichkeiten wirst du kennenlernen.
Beachte, daß alle Sätze aus der Satzgruppe des PYTHAGORAS nur für rechtwinklige Dreiecke gelten!

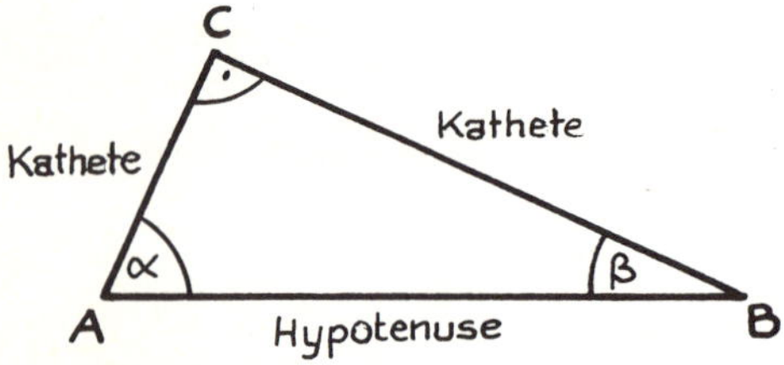

Figur 48

Die Bezeichnungen der Formeln beziehen sich immer auf solche rechtwinkligen Dreiecke ABC, bei denen der rechte Winkel bei C liegt ($\gamma = 90°$).
Die Seite, die dem rechten Winkel gegenüberliegt, heißt **Hypotenuse**;
die Seiten, die den rechten Winkel bilden, heißen **Katheten**.

In Figur 49 ist h die Höhe *) im rechtwinkligen Dreieck ABC, die auf der Hypotenuse senkrecht steht.

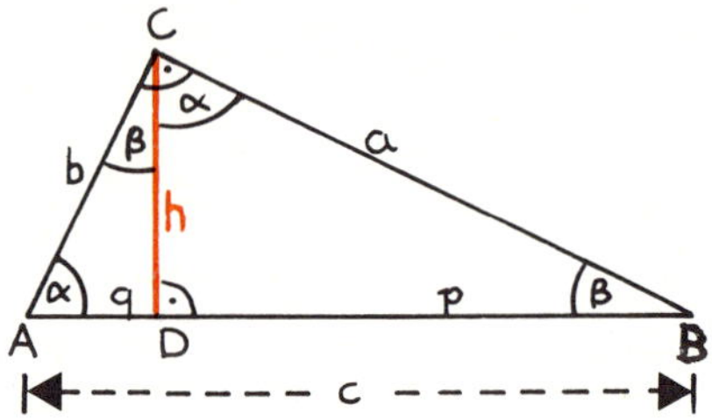

Figur 49

Der Fußpunkt D dieser Höhe teilt die Hypotenuse in zwei Abschnitte. Der Abschnitt, der bei A anliegt, wird mit q, der Abschnitt, der bei B anliegt, mit p bezeichnet.
Falls du im Unterricht die Gesetzmäßigkeiten ähnlicher Figuren noch nicht kennengelernt hast, kannst du zunächst die Seiten 55–57 durcharbeiten. Dort findest du eine andere Herleitung der folgenden Sätze; auch damit kannst du alle Beispiele und Aufgaben dieses Kapitels lösen.

Kathetensätze

In Figur 49 sind die beiden Teildreiecke △ ACD und △ CBD jeweils ähnlich zum „ganzen" Dreieck △ ABC.
Denn jedes Teildreieck hat einen Winkel mit dem ganzen Dreieck gemeinsam, und außerdem hat jedes Teildreieck bei D einen __________ Winkel.

---

*) Es gibt zwar in jedem Dreieck drei Höhen – von jedem Eckpunkt zur gegenüberliegenden Seite. Im rechtwinkligen Dreieck ist es aber möglich, von *der Höhe* (auf die Hypotenuse) zu sprechen, da die beiden anderen Höhen mit den Katheten zusammenfallen; $h_a = b$ und $h_b = a$; vergl. ML 38, Seite 47.

Kathetensätze

Mit $\triangle ABC \sim \triangle ACD$ gilt *):

$$\frac{b}{c} = \frac{\_\_}{b} \quad \Big| \cdot c \cdot b$$

$$\Rightarrow b^2 = \_\_\_ \cdot c$$

Mit $\triangle ABC \sim \triangle CBD$ gilt:

$$\frac{a}{c} = \frac{\_\_}{a} \quad \Big| \cdot c \cdot a$$

$$\Rightarrow a^2 = \_\_\_ \cdot c$$

Als Flächengleichungen lassen sich die Kathetensätze **) so formulieren:

Im rechtwinkligen Dreieck ist das Quadrat über einer Kathete inhaltsgleich dem Rechteck aus der Hypotenuse und dem anliegenden Hypotenusenabschnitt.

$a^2 = p \cdot c$

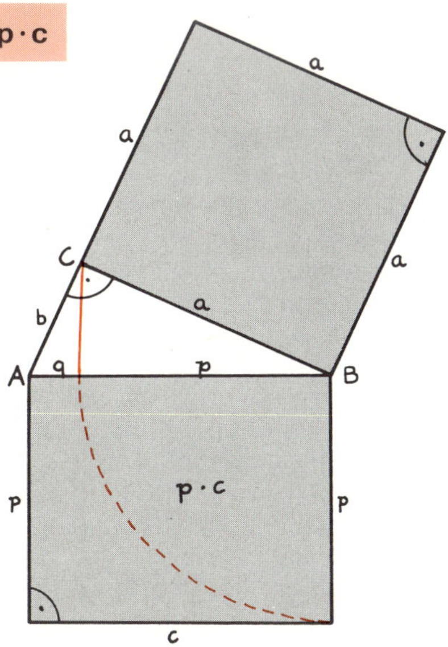

Figur 50a

$b^2 = q \cdot c$

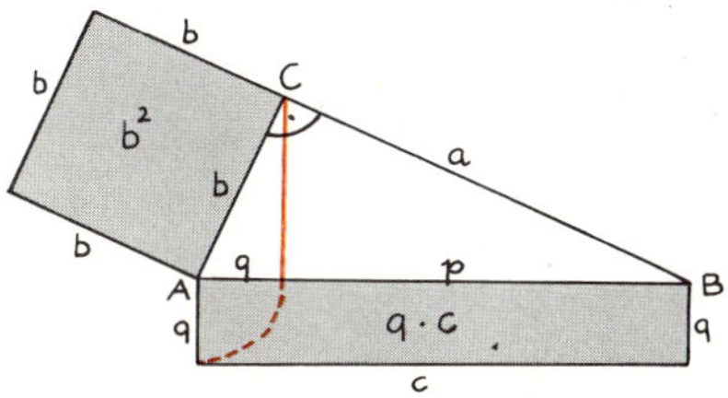

Figur 50b

Mit Hilfe dieser Kathetensätze läßt sich die Flächenverwandlungsaufgabe von Seite 40 etwas schneller lösen.

Beispiel

Wieder soll das Rechteck mit den Seiten $x = 60$ m und $y = 35$ m in ein flächengleiches Quadrat verwandelt werden.
Zur Lösung mit Hilfe des Kathetensatzes $a^2 = p \cdot c$ suchen wir ein rechtwinkliges Dreieck mit der Hypotenuse $c = x \mathrel{\hat=} 6$ cm und dem Hypotenusenabschnitt $q = y \mathrel{\hat=} 3{,}5$ cm.
Wenn wir dieses rechtwinklige Dreieck konstruiert haben, müssen wir die Zentimeterlänge der Seite a nur noch in die Meterlänge der gesuchten Quadratseite s umrechnen.

---

*) Erinnere dich: Für ähnliche Dreiecke gilt: Strecken, die einander entsprechen, liegen immer gegenüber von gleich großen Winkeln.

**) Sie werden auch „Kathetensätze des EUKLID" genannt.

Satzgruppe des PYTHAGORAS
Satz des PYTHAGORAS

In Figur 51 ist die Hypotenuse $\overline{AB} = 6$ cm gezeichnet.

➧ Zeichne den Punkt D ein mit

$\overline{BD} = p = y \mathrel{\hat=}$ ______ cm.

Figur 51

- Für den fehlenden Eckpunkt C gilt: DC und AB stehen ______________ aufeinander.

➧ Errichte in D die Senkrechte zu AB.

- Da der Winkel bei C 90° beträgt, liegt C auf dem ___________kreis über [AB].

➧ Zeichne den THALESkreis über [AB] und bezeichne seinen Schnittpunkt mit der Senkrechten mit C.

➧ Zeichne das Dreieck ABC und miß die Seitenlänge ab: a = ______ cm.

- Damit gilt für die gesuchte Quadratseite s = ______ m.

Aufgabe

(21) Konstruiere mit Hilfe des Kathetensatzes $b^2 = p \cdot c$ in Figur 52 eine Seite des Quadrates PQRS, das zu dem gezeichneten Rechteck TUVW flächengleich ist, und zeichne das Quadrat über der konstruierten Seite.

Figur 52

Satz des PYTHAGORAS

Die formelmäßige Darstellung dieses bekannten Satzes kennst du vielleicht schon. Wir werden sie aus den beiden Kathetensätzen herleiten.

Wenn wir die beiden Gleichungen der Kathetensätze addieren, ergibt sich

$$a^2 = p \cdot c$$
$$b^2 = q \cdot c$$

$$a^2 + b^2 = p \cdot c + q \cdot c$$

Auf der rechten Seite dieser Gleichung können wir c ausklammern:

$$a^2 + b^2 = c \cdot (p + q)$$

Satz des PYTHAGORAS
Beispiel

Da sich die Hypotenuse c aus den beiden Abschnitten p und q zusammensetzt (vergl. Figur 49, Seite 46), gilt:

$(p + q) = c$.

Damit läßt sich die obige Gleichung umschreiben:

$a^2 + b^2 = c \cdot c$ bzw.

$\mathbf{a^2 + b^2 = c^2}$

Als Flächengleichung läßt sich der Satz des PYTHAGORAS so formulieren:

Im rechtwinkligen Dreieck ist die Summe der Kathetenquadrate inhaltsgleich dem Hypotenusenquadrat.

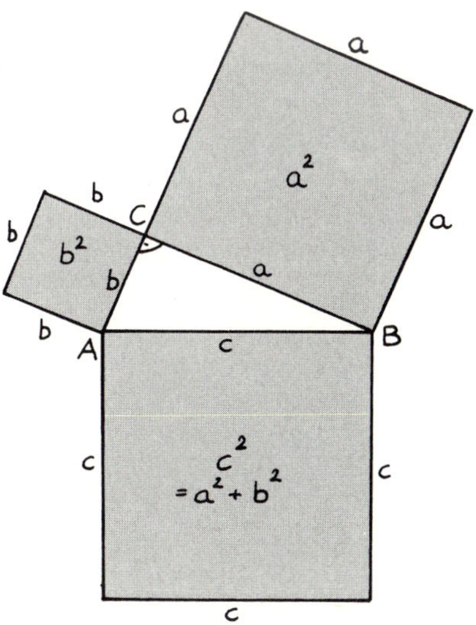

Figur 53

Die Hauptbedeutung dieses Satzes liegt in der Möglichkeit, damit Streckenlängen zu berechnen.

1. Beispiel

In einem rechtwinkligen Dreieck soll gelten:

$a = 3\,cm$; $b = 4\,cm$ und $\gamma = 90°$.

Wie lang ist die Hypotenuse c?

Wenn wir die gegebenen Längen in die Gleichung

$c^2 = a^2 + b^2$

einsetzen, ergibt sich

$c^2 = (3\,cm)^2 + (4\,cm)^2$

$\Rightarrow c^2 = 9\,cm^2 +$ ______ cm^2

$\Rightarrow c^2 =$ ______ cm^2 $\quad |\sqrt{}$

Um c zu erhalten, müssen wir auf beiden Seiten dieser Gleichung die Wurzel ziehen:

$\Rightarrow c =$ ______ cm. *)

---

*) Da es keine negativen Längen gibt, müssen wir keine Fallunterscheidung machen: $c_1 = +5\,cm$; ~~$c_2 = -5\,cm$~~.

Satzgruppe des PYTHAGORAS
Beispiele

2. Beispiel

Auch Strecken im Koordinatensystem lassen sich mit Hilfe des Satzes von PYTHAGORAS berechnen.
In Figur 54 ist die Strecke [AB] gezeichnet mit A (1/2) und B (5/8).
Berechne die Länge der Strecke $\overline{AB}$.

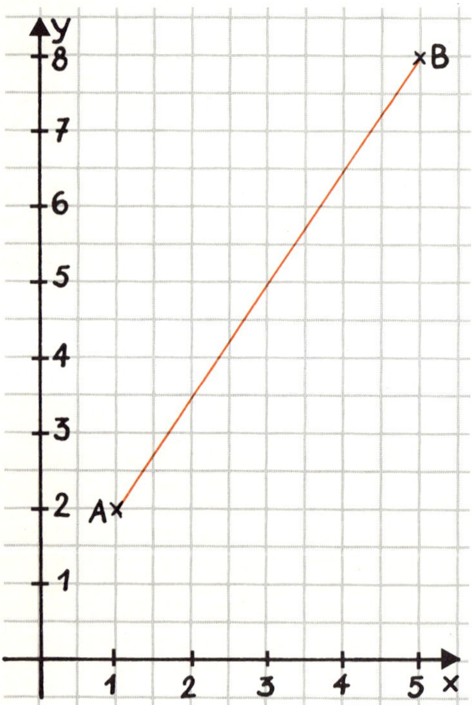

Figur 54

Wenn du in die Figur 54 noch den Punkt C (1/8) einträgst und C mit A und B gestrichelt verbindest, erkennst du den Zusammenhang mit dem besprochenen Satz des PYTHAGORAS:

$\overline{AB}^2 = \overline{CB}^2 + \overline{AC}^2$

Lies die Strecken in der Längeneinheit der Koordinatenachsen aus der Zeichnung bzw. aus den Koordinaten der Punkte ab und setze sie ohne Benennung ein:

$\overline{AB}^2 = 4^2 +$ ______ ^{2}
$\Rightarrow \overline{AB}^2 = 16 +$ ______
$\Rightarrow \overline{AB}^2 =$ ______ $\mid \sqrt{}$ *)
$\Rightarrow \overline{AB} =$ ______

3. Beispiel

Mit Hilfe einer Gleichungsumstellung läßt sich auch folgendes Problem lösen:
In einem rechtwinkligen Dreieck ist gegeben:

$a = 5\,\text{cm};\ c = 10\,\text{cm};\ \gamma = 90°.$

Wie lang ist die Kathete b?
Bevor du die gegebenen Längen in die Gleichung

$a^2 + b^2 = c^2$

einsetzt, kannst du sie umstellen nach b^2:

$a^2 + b^2 = c^2 \quad \mid -a^2$
$\Rightarrow b^2 = c^2$ ______
$\Rightarrow b^2 = 100\,\text{cm}^2 -$ ______ cm^2
$\Rightarrow b^2 =$ ______ $\text{cm}^2 \quad \mid \sqrt{}$
$\Rightarrow b =$ ______ cm

*) Verwende deinen Taschenrechner; Genauigkeit auf 2 Stellen hinter dem Komma.

Flächenverwandlung

4. Beispiel

Als Flächengleichung ermöglicht der Satz des PYTHAGORAS auch die Lösung des Problems:
In Figur 55 ist ein Quadrat PQRS gezeichnet; konstruiere dazu ein Quadrat mit doppelt so großer Fläche.

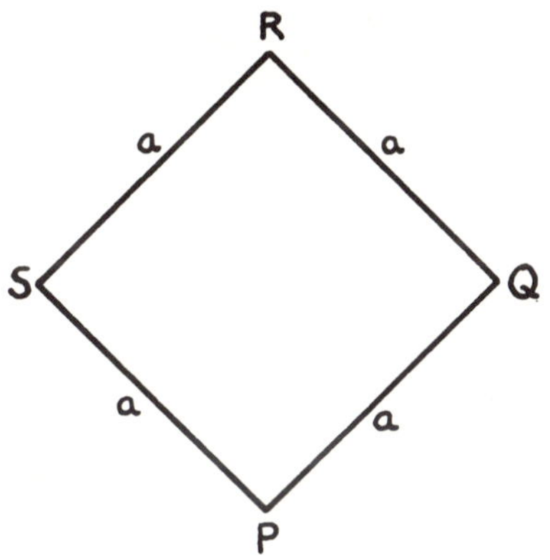

Figur 55

Hinweis: Wenn du die Punkte S, Q und R umbenennst in A, B und C, dann ist [AB] die gesuchte Hypotenuse eines gleichschenkligen rechtwinkligen Dreiecks ($\overline{BC} = \overline{AC}$)! Zeichne in Figur 55 über der Hypotenuse das gesuchte Quadrat.

Aufgaben

(22)

a) Im Dreieck ABC sind gegeben:
$a = 12$ cm; $b = 5$ cm und $\gamma = 90°$.
Berechne die Länge der Seite c.

c = ______ cm

b) Im rechtwinkligen Dreieck PQR mit dem rechten Winkel bei P, sind gegeben:

$\overline{RP} = 9$ cm und $\overline{QR} = 15$ cm.

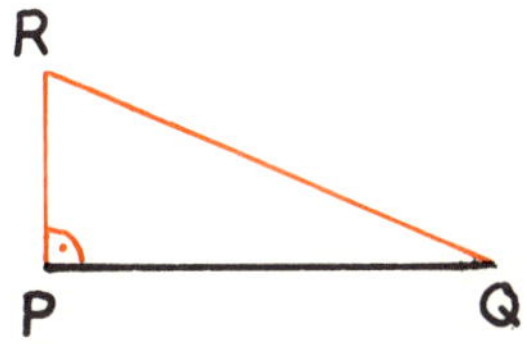

Figur 56

Berechne die Länge der Seite
$\overline{QP}$ = ______ cm.

c) Im rechtwinkligen Dreieck STU mit dem rechten Winkel bei T sind gegeben:

$\overline{TU} = 7$ dm und $\overline{US} = 25$ dm.

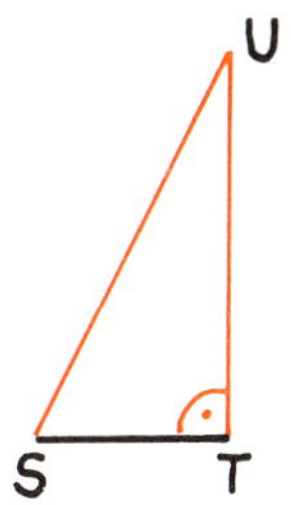

Figur 57

Berechne die Länge der Seite
$\overline{ST}$ = ______ dm.

Satzgruppe des PYTHAGORAS
Flächenverwandlung

(23) Im Koordinatensystem der Figur 58 sind die Punkte A, B, P und Q eingezeichnet. Markiere dir jeweils einen Hilfspunkt, zeichne die entsprechenden Dreiecke gestrichelt ein und berechne die gesuchten Strecken in der Längeneinheit der Koordinatenachsen.

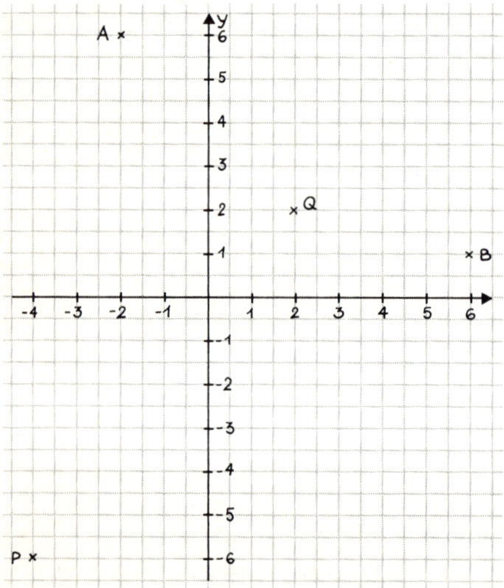

Figur 58

a) Lies die Koordinaten ab

A (___/___), B (___/___)

und berechne

$\overline{AB}^2 = \_\_\_\_^2 + \_\_\_\_^2$

$\Rightarrow \overline{AB}^2 = \_\_\_\_$

$\Rightarrow \overline{AB} = \_\_\_\_$

b) Lies die Koordinaten ab

P (___/___), Q (___/___)

und berechne

$\overline{PQ}^2 = \_\_\_\_^2 + \_\_\_\_^2$

$\Rightarrow \overline{PQ}^2 = \_\_\_\_$

$\Rightarrow \overline{PQ} = \_\_\_\_$

(24) In Figur 59 ist ein Quadrat EFGH gezeichnet; konstruiere dazu ein Quadrat mit halb so großer Fläche.

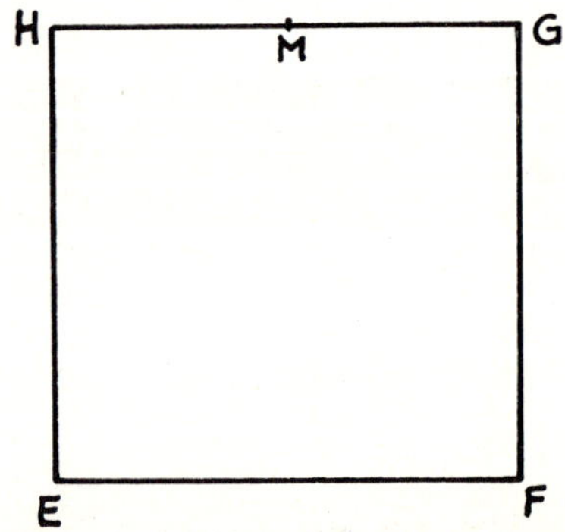

Figur 59

Diagonalberechnung

(25) Der Satz des PYTHAGORAS hilft auch, an der schiefen Ebene bei zwei gegebenen Strecken die fehlende Länge zu berechnen.
Bei der schiefen Ebene (vergl. Planfigur 60) sei gegeben:

$l = 85\,\text{m}$ und $b = 84\,\text{m}$.

Berechne die Höhe h der schiefen Ebene.

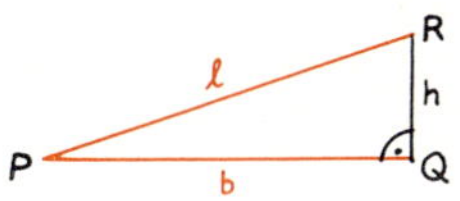

Figur 60

Lösung

Mit den Bezeichnungen der schiefen Ebene *) lautet der Satz des PYTHAGORAS

statt $a^2 + b^2 = c^2$

hier $h^2 + \underline{\qquad} = \underline{\qquad}$

$\Rightarrow h^2 = \underline{\qquad} - \underline{\qquad}$

$\Rightarrow h^2 = \underline{\qquad}\,\text{m}^2 - \underline{\qquad}\,\text{m}^2$

$\Rightarrow h^2 = \underline{\qquad}\,\text{m}^2 \quad |\sqrt{}$

$\Rightarrow h = \underline{\qquad}\,\text{m}$

(26)

a) Bestimme die Formel zur Berechnung der Länge der Diagonale d im Quadrat mit der Seite a.

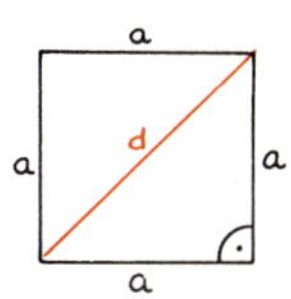

Figur 61

*) Beachte, daß die Hypotenuse immer dem rechten Winkel gegenüber liegt.

$d^2 = a^2 + \underline{\qquad}^2$

$\Rightarrow d^2 = 2 \cdot \underline{\qquad} \quad |\sqrt{}$

$\Rightarrow d = \underline{\qquad} \cdot \sqrt{2}$

b) Berechne mit Hilfe dieser Formel *) die Länge der Diagonale d im Quadrat mit der Seitenlänge $a = 5\,\text{cm}$.

$d = \underline{\qquad}\,\text{cm} \cdot \sqrt{2} = \underline{\qquad}\,\text{cm}$

(27)

a) Bestimme die Formel zur Berechnung der Länge der Diagonale d im Rechteck mit den Seiten a und b:

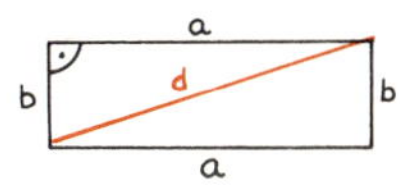

Figur 62

$d^2 = \underline{\qquad}^2 + \underline{\qquad}^2$

$\Rightarrow d = \sqrt{\underline{\qquad}^2 + \underline{\qquad}^2}$ **)

b) Berechne mit Hilfe dieser Formel *) die Länge der Diagonale d im Rechteck mit den Seitenlängen $a = 7\,\text{cm}$ und $b = 6\,\text{cm}$:

$d = \sqrt{\underline{\qquad}\,\text{cm}^2 + \underline{\qquad}\,\text{cm}^2} = \underline{\qquad}\,\text{cm}$

*) und deinem Taschenrechner

**) Beachte, daß du die Wurzel nicht aus den einzelnen Summanden ziehen kannst:

$\sqrt{4^2 + 3^2} = \sqrt{16 + 9} = \sqrt{25} = 5$

aber

$\sqrt{4^2} + \sqrt{3^2} = \sqrt{16} + \sqrt{9} = 4 + 3 = 7$

Satzgruppe des PYTHAGORAS
Höhensatz

(28)

a) Bestimme die Formel zur Berechnung der Länge der Höhe h im gleichseitigen Dreieck mit den Seiten a:

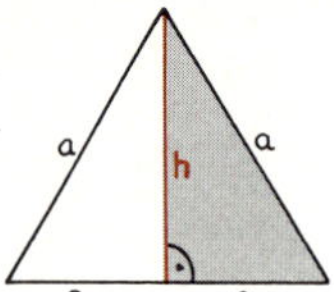

Figur 63

Für die beiden Teildreiecke ergibt der Satz des PYTHAGORAS:

$$h^2 + \left(\frac{a}{2}\right)^2 = \_\_\_\_ \quad \Big| - \left(\frac{a}{2}\right)^2$$

$$\Rightarrow \quad h^2 = \_\_\_\_ - \left(\frac{a}{2}\right)^2 \quad \Big| \text{ löse die Klammer auf}$$

$$\Rightarrow \quad h^2 = \_\_\_\_ - \frac{\_\_\_\_}{\_\_\_\_} \quad \Big| \text{ fasse zusammen}$$

$$\Rightarrow \quad h^2 = \frac{\_\_\_\_}{\_\_\_\_} \cdot a^2$$

$$\Rightarrow \quad \boxed{h = \sqrt{\frac{\_\_\_\_}{\_\_\_\_}} \cdot a}$$

bzw. $\boxed{h = \sqrt{\_\_\_\_} \cdot \frac{a}{2}}$

b) Berechne mit Hilfe dieser Formel die Länge der Höhe h im gleichseitigen Dreieck mit den Seiten

$a = 5\,\text{cm}$:

$$h = \sqrt{\_\_\_\_} \cdot \frac{\_\_\_\_\,\text{cm}}{2} = \_\_\_\_\,\text{cm}$$

c) Bestimme mit der Höhenformel aus (28)a) die Formel zur Berechnung des Flächeninhaltes des gleichseitigen Dreiecks mit der Seite a:

allgemein: $A_\triangle = \frac{g \cdot h}{2}$

hier $A_\triangle = \frac{a \cdot \sqrt{\_\_\_\_} \cdot \_\_\_\_}{2}$

bzw. $\boxed{A_\triangle = \frac{\sqrt{\_\_\_\_} \cdot \_\_\_\_}{4}}$

d) Berechne mit Hilfe dieser Formel den Flächeninhalt des gleichseitigen Dreiecks mit den Seiten $a = 5\,\text{cm}$.

$$A = \frac{\sqrt{\_\_\_\_} \cdot \_\_\_\_\,\text{cm}^2}{\_\_\_\_} = \_\_\_\_\,\text{cm}^2$$

Höhensatz

Die Formel dieses letzten Satzes aus der Satzgruppe des PYTHAGORAS läßt sich wieder mit Hilfe ähnlicher Dreiecke beweisen.

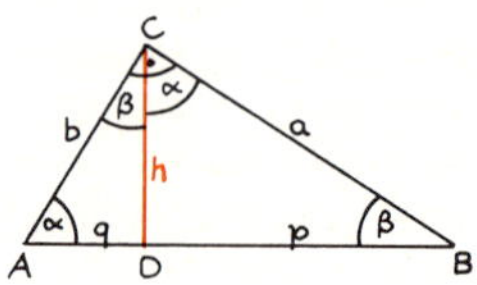

Figur 64

Die Kathetensätze (Seite 47) haben wir aus der Eigenschaft hergeleitet, daß die beiden Teildreiecke △ ACD und △ CBD ähnlich sind zu △ ABC. Jetzt stützen wir uns auf die Ähnlichkeit der Teildreiecke zueinander.

Mit △ ACD ~ △ CBD gilt:

$$\frac{h}{q} = \frac{\_\_}{\_\_} \quad \Big| \cdot q \cdot h$$

$$\Rightarrow \mathbf{h^2 = \_\_ \cdot q}$$

Als Flächengleichung läßt sich der Höhensatz so formulieren:

Im rechtwinkligen Dreieck ist das Quadrat über der Höhe inhaltsgleich mit dem Rechteck aus den Hypotenusenabschnitten.

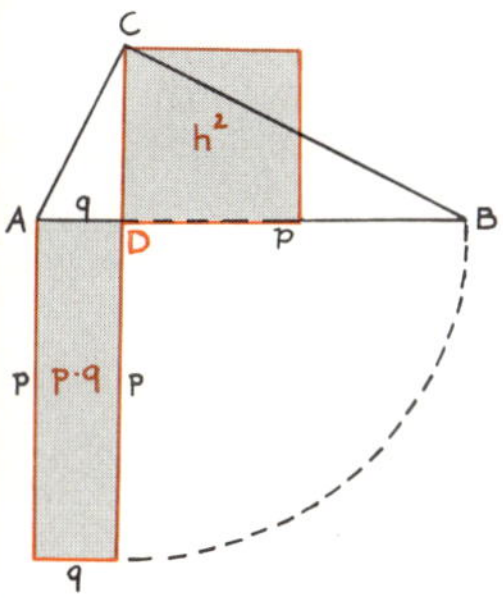

Figur 65

Weiterer Beweis

Auf den folgenden Seiten lernst du noch eine weitere Beweismöglichkeit des Satzes von PYTHAGORAS kennen, ohne daß wir uns dabei auf die Gesetzmäßigkeiten ähnlicher Figuren stützen.
Zunächst beweisen wir die beiden Kathetensätze und folgern daraus den Satz des PYTHAGORAS.
Die Beweisschritte stützen sich auf die Flächenformel für Parallelogramme:

$$A = g \cdot h.$$

Diese Formel besagt auch:

„Wenn zwei Parallelogramme in einer Seite und der zugehörigen Höhe übereinstimmen, sind sie flächengleich".

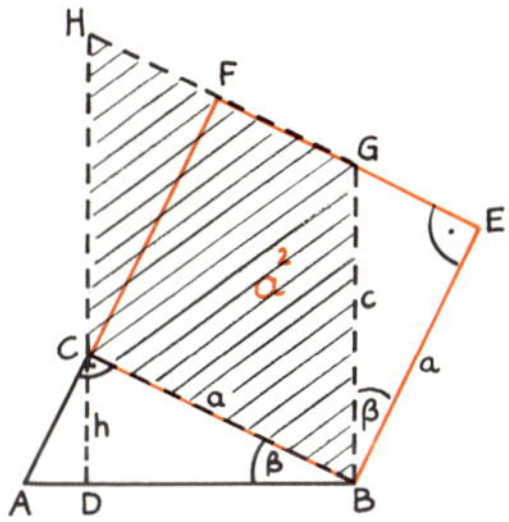

Figur 66a

In Figur 66a sind das Quadrat CBEF und das Parallelogramm CBGH flächengleich *); $\overline{BG} = c$.

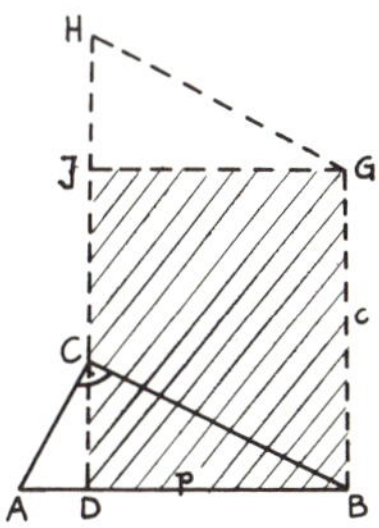

Figur 66b

In Figur 66b sind das Parallelogramm CBGH und das Rechteck BGID flächengleich **).

*) $\overline{CB}$ gemeinsame Seite; $\overline{CF}$ zugehörige Höhe
**) BG gemeinsame Seite; GI zugehörige Höhe

Satzgruppe des PYTHAGORAS
Beweisvariante

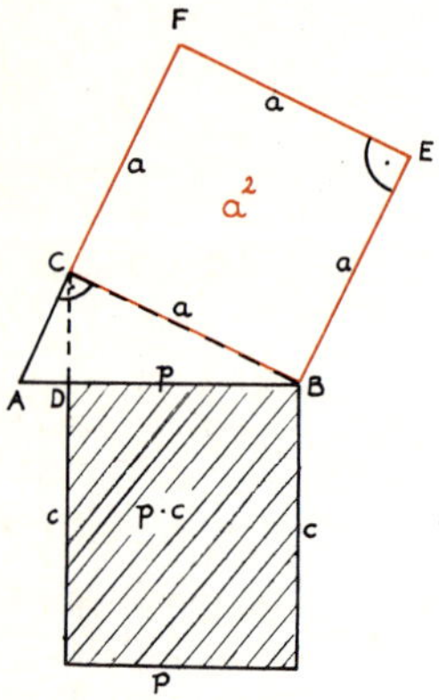

Figur 66c

In Figur 66c wurde das schraffierte Rechteck „nach unten geklappt“ und das erste Zwischenergebnis übersichtlich dargestellt:

$$a^2 = p \cdot c$$

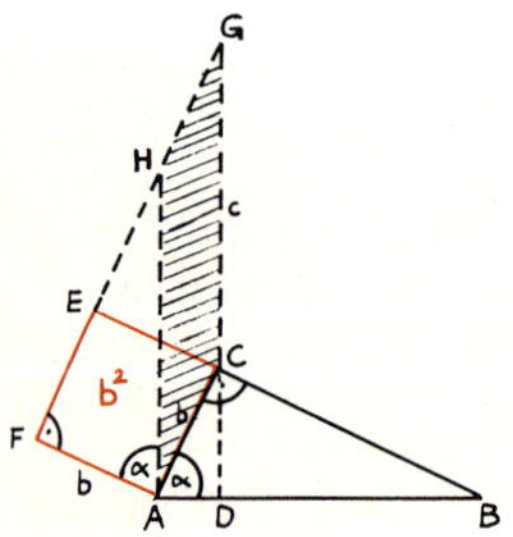

Figur 67a

In Figur 67a sind das Quadrat ACEF und das Parallelogramm ACGH flächengleich *); $\overline{AH} = c$.

*) $\overline{AC}$ gemeinsame Seite; $\overline{CE}$ zugehörige Höhe

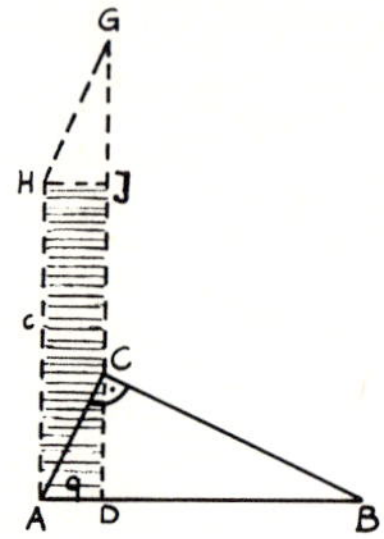

Figur 67b

In Figur 67b sind das Parallelogramm ACGH und das Rechteck ADIH flächengleich *).

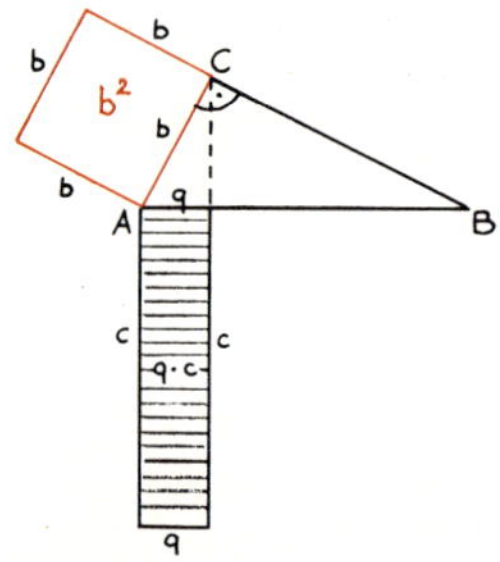

Figur 67c

In Figur 67c wurde das schraffierte Rechteck „nach unten geklappt“ und das zweite Zwischenergebnis übersichtlich dargestellt:

$$b^2 = q \cdot c$$

*) $\overline{AH}$ gemeinsame Seite; $\overline{HI}$ zugehörige Höhe

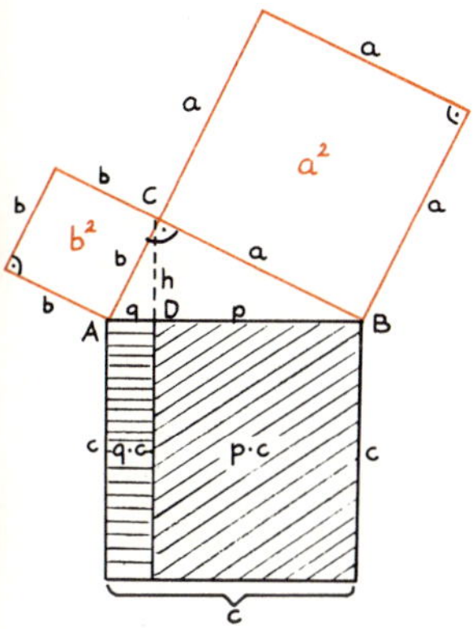

Figur 68

Als Figur 68 wurden die beiden Figuren 66c und 67c zusammen dargestellt, und du kannst das Ergebnis ablesen:

$$c^2 = p \cdot c + q \cdot c$$

bzw. $c^2 = a^2 + b^2$

Auch der Höhensatz läßt sich ohne Ähnlichkeitssätze beweisen.
Im Dreieck ADC *) (Figur 68) gilt:

$$h^2 + q^2 = b^2$$

Im Dreieck BCD *) (Figur 68) gilt:

$$h^2 + p^2 = a^2$$

Wenn wir die beiden Gleichungen addieren, ergibt sich:

$$2h^2 + p^2 + q^2 = \underbrace{a^2 + b^2}_{} \quad \text{bzw.}$$

$$2h^2 + p^2 + q^2 = c^2 \quad \text{bzw.}$$

$$2h^2 + p^2 + q^2 = (p+q)^2 \quad \text{bzw.}$$

$$\cancel{2}h^2 + \cancel{p^2} + \cancel{q^2} = \cancel{p^2} + \cancel{2}pq + \cancel{q^2}$$

kurz: $h^2 = p \cdot q$

Aufgaben

Eine Auswahl von Anwendungsmöglichkeiten der Satzgruppe des PYTHAGORAS

$a^2 = \_\_\_ \cdot \_\_\_$	Kathetensätze
$b^2 = \_\_\_ \cdot \_\_\_$	
$a^2 + b^2 = \_\_\_^2$	Satz des PYTHAGORAS
$\_\_\_^2 = p \cdot q$	Höhensatz

findest du in den folgenden Aufgaben zusammengestellt.
Beachte dabei immer, daß die obigen Sätze nur in rechtwinkligen Dreiecken angewendet werden können! Wenn du zu den obigen Gleichungen noch die beiden Flächengleichungen

$$A = \frac{c \cdot h}{2} \quad \text{und} \quad A = \frac{a \cdot b}{2}$$

sowie den Zusammenhang

$$c = p + q$$

hinzunimmst, kannst du mit Hilfe dieser sieben Gleichungen alle Berechnungen durchführen.

*) mit dem rechten Winkel bei D

Satzgruppe des PYTHAGORAS
Aufgaben

(29) Für das Dreieck ABC gilt:
$\gamma = 90°$; $a = 7$ cm; $h = 3$ cm.
Berechne p, q, c, b und A jeweils auf eine Stelle hinter dem Komma.

➧ Markiere zunächst in der Planfigur (Figur 69) die gegebenen Stücke mit Farbe.

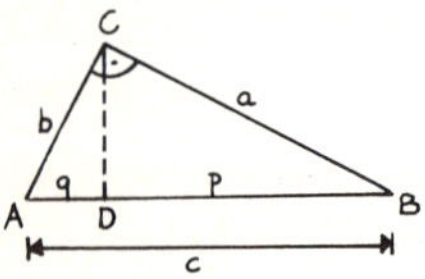

Figur 69

Da das △ CBD bei rechtwinklig ist, läßt sich auch nach dem Satz des PYTHAGORAS berechnen:

- $p^2 + h^2 = \_\_\_^2 \qquad | - h^2$

$\Rightarrow p^2 = \_\_\_^2 - h^2$

$\Rightarrow p^2 = \_\_\_\ cm^2 - 9\ cm^2$

$\Rightarrow p^2 = \_\_\_\ cm^2$

$\Rightarrow p = \_\_\_\ cm$

Mit Hilfe des Höhensatzes kannst du q berechnen:

- $q \cdot p = \_\_\_ \qquad | : p$

$\Rightarrow q = \frac{\_\_\_}{p}$

$\Rightarrow q = \frac{\_\_\_\ cm^2}{\_\_\_\ cm}$

$\Rightarrow q = \_\_\_\ cm$

Mit p und q hast du auch c berechnet:

- $c = \_\_\_ + \_\_\_$

$\Rightarrow c = \_\_\_\ cm + \_\_\_\ cm$

$\Rightarrow c = \_\_\_\ cm$

Mit Hilfe des Satzes von PYTHAGORAS kannst du jetzt b berechnen:

- $a^2 + b^2 = c^2 \qquad | - \_\_\_\_\_$

$\Rightarrow \quad b^2 = c^2 - \_\_\_\_\_$

$\Rightarrow \quad b^2 = \_\_\_\_\_\ cm^2 - \_\_\_\_\_\ cm^2$

$\Rightarrow \quad b^2 = \_\_\_\_\_\ cm^2$

$\Rightarrow \quad b = \_\_\_\_\_\ cm$

- Berechne den Flächeninhalt auf zwei Wegen:

$A = \frac{c \cdot h}{2} \Rightarrow A_1 = \frac{\_\_\_\_\_\ cm \cdot \_\_\_\_\_\ cm}{2} = \_\_\_\_\_\ cm^2$

$A = \frac{a \cdot b}{2} \Rightarrow A_2 = \frac{\_\_\_\_\_\ cm \cdot \_\_\_\_\_\ cm}{2} = \_\_\_\_\_\ cm^2$

Aufgaben

(30) Für das Dreieck ABC gilt:

$\gamma = 90°$; $p = 18\,cm$; $q = 32\,cm$.

Berechne c, h, a, b und A.

➧ Markiere zunächst in der Planfigur (Figur 70) die gegebenen Strecken mit Farbe.

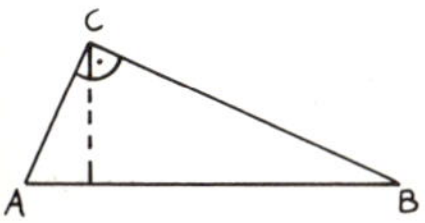

Figur 70

- $c = \_\_\_\_ + \_\_\_\_$

$\Rightarrow c = \_\_\_\_\,cm + \_\_\_\_\,cm = \_\_\_\_\,cm$

- $h^2 = \_\_\_\_ \cdot \_\_\_\_$

$\Rightarrow h^2 = \_\_\_\_\,cm \cdot \_\_\_\_\,cm = \_\_\_\_\,cm^2$

$\Rightarrow h = \_\_\_\_\,cm$

- Berechne auf einem Beiblatt selbständig die beiden Katheten a und b, sowie den Flächeninhalt A.

(31) Für das Dreieck ABC gilt:

$\gamma = 90°$; $b = 36\,cm$; $A = 270\,cm^2$.

Berechne a, p, q und h.

- $A = \frac{a \cdot \_\_\_\_}{\_\_\_\_}$

$\Rightarrow a = \frac{A \cdot \_\_\_\_}{\_\_\_\_}$

$\Rightarrow a = \frac{270\,cm^2 \cdot \_\_\_\_}{\_\_\_\_} = \_\_\_\_\,cm$

- Berechne auf einem Beiblatt die Strecken c, p, q und h.

Die Aufgaben (32), (33) und (34) kannst du nur lösen, falls du in Algebra bereits die Lösung gemischt quadratischer Gleichungen gelernt hast!

(32) Für das Dreieck ABC gilt:

$\gamma = 90°$; $c = 25\,cm$; $A = 150\,cm^2$.

Berechne h, p, q, a und b.

- $A = \frac{\_\_\_\_ \cdot h}{2}$

$\Rightarrow h = \frac{A \cdot \_\_\_\_}{\_\_\_\_}$

$\Rightarrow h = \frac{\_\_\_\_\,cm^2 \cdot \_\_\_\_}{\_\_\_\_} = \_\_\_\_\,cm$

➧ Markiere in der Planfigur (Figur 71) die bisher bekannten Strecken c und h mit Farbe.

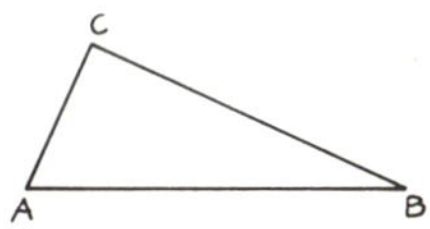

Figur 71

Du erkennst, daß weder in einem der Teildreiecke noch im „großen" Dreieck zwei Seiten gegeben sind; damit läßt sich keine weitere Strecke direkt berechnen. Algebraisch drückt sich das dadurch aus, daß du unter den sieben Gleichungen auf Seite 57 keine Gleichung findest, die nur eine Unbekannte enthält.
Wenn wir die beiden Gleichungen

I $h^2 = p \cdot q$

und II $c = p + q$

nehmen, ist dieses Gleichungssystem lösbar.

Satzgruppe des PYTHAGORAS
Aufgaben

Denn zwei Gleichungen mit zwei Unbekannten (hier p und q) sind lösbar.

II′ $\quad c - p = q$

II′ in I $\quad h^2 = p \cdot (c - p)$

$\Rightarrow \quad h^2 = p \cdot c - p^2$

Setze die Größen für h und c ohne Benennung ein:

$\Rightarrow \quad$ ______ $= 25p - p^2 \quad | + p^2 - 25p$

Ordne diese quadratische Gleichung für p.

$\Rightarrow \quad p^2 - 25p +$ ______ $= 0$

Löse diese quadratische Gleichung nach der Formel

$$p_{1/2} = \frac{-b \pm \sqrt{b^2 - 4ac}}{2a}$$

auf einem Beiblatt:

- $p_1 =$ ______ cm
- $p_2 =$ ______ cm

Berechne mit Hilfe der Gleichung II′

- $q_1 =$ ______ cm und
- $q_2 =$ ______ cm

Du siehst, daß p_1/p_2 und q_1/q_2 keine unabhängigen Lösungen sind, denn es gilt $p_1 =$ ______ und $p_2 =$ ______
Du kannst daher p_2 und q_2 einklammern und mit p_1 und q_1 weiterrechnen.
Die fehlenden Größen kannst du damit (auf einem Beiblatt) leicht berechnen:

- $a =$ ______ cm
- $b =$ ______ cm

(33) Für das Dreieck ABC gilt:
$\gamma = 90°$; $c = 169$ cm; $A = 5070$ cm².
Berechne auf einem Beiblatt nach dem Schema der Aufgabe (32) die Strecken h, q, p, b und a.

(34) Für das Dreieck ABC gilt:
$\gamma = 90°$; $a = 60$ cm; $q = 27$ cm.
Berechne c, p, h, b und A.

Wieder gibt es keine Gleichung, die nur eine Unbekannte hat. Deshalb müssen wir wieder ein System aus zwei Gleichungen mit zwei Unbekannten lösen:

I $\quad a^2 + b^2 = c^2$

II $\quad b^2 = q \cdot c$

II in I $\quad a^2 + q \cdot c = c^2$

Bringe diese quadratische Gleichung für c auf die Normalform, setze die gegebenen Längen (ohne Benennung) ein und löse sie. Als Lösungen ergeben sich

$c_1 =$ ______;

$c_2 =$ ______.

Da es keine negativen Längen gibt, gilt für die Hypotenuse:

$c =$ ______ cm.

Berechne damit die Strecken p, h und b, sowie den Flächeninhalt A.

Parallelogramm
Trapez

(35) Von einem Parallelogramm ABCD sind die Strecken gegeben:

$\overline{DC} = 9\,\text{cm}$; $h_a = 4\,\text{cm}$ und
$\overline{EB} = 6\,\text{cm}$.

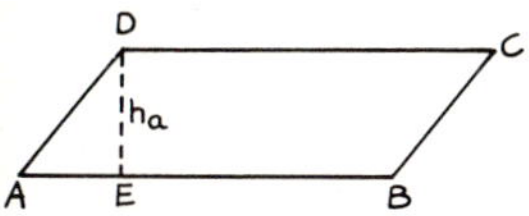

Figur 72

Berechne die Längen der Strecken $\overline{AE}$, $\overline{BC}$, $\overline{EC}$ und $\overline{DB}$.

➧ Markiere zunächst in der Planfigur (Figur 72) die gegebenen Strecken mit Farbe.

Hinweis:

Im Parallelogramm gilt $\overline{AB}$ = ______ und
$\overline{AD}$ = ______ .

● Berechne auf einem Beiblatt

$\overline{AE}$ = ______ cm; $\overline{BC}$ = ______ cm;

$\overline{EC}$ = ______ cm; $\overline{DB}$ = ______ cm.

(36) Von einem Trapez ABCD (mit AB ∥ CD) sind die Strecken gegeben:

$\overline{DC} = 4\,\text{m}$; $\overline{AB} = 14\,\text{m}$; $\overline{AF} = 2\,\text{m}$;
$\overline{CB} = 10\,\text{m}$.

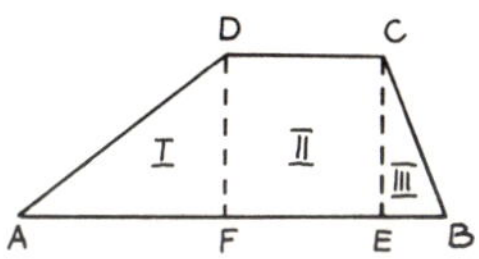

Figur 73

Berechne die Längen der Strecken $\overline{AD}$, $\overline{DF}$, $\overline{EC}$ und den Flächeninhalt des Trapezes ABCD aus den Teilflächen.

➧ Markiere zunächst in der Planfigur (Figur 73) die gegebenen Strecken mit Farbe.

● Berechne auf einem Beiblatt:

$\overline{AD}$ = ______ m; $\overline{DF}$ = ______ m;

$\overline{EC}$ = ______ m;

$A_{⏢}$ = A_{I} + A_{II} + A_{III} =

= ______ cm^2 + ______ cm^2 + ______ cm^2

= ______ cm^2

Satzgruppe des PYTHAGORAS
Zehn- und Fünfeck

Konstruktion des regulären 10- und 5-Ecks *)

Dem Kreis mit dem Radius r soll ein reguläres 10-Eck (alle Seiten sind gleich lang und alle Winkel sind jeweils gleich groß) einbeschrieben werden. Als Figur 74 siehst du die entsprechende Planfigur.

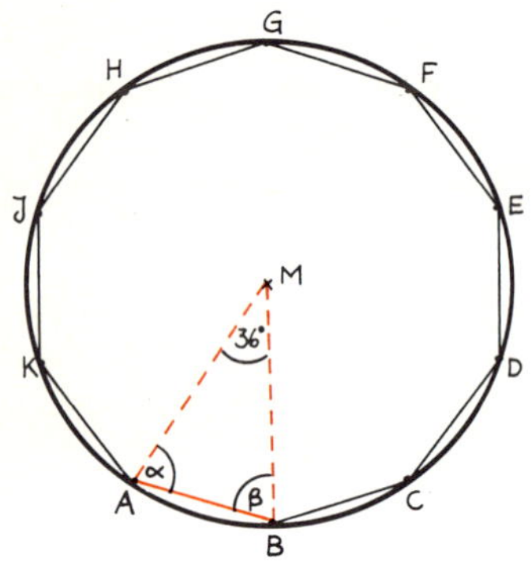

Figur 74

In Figur 74 ist ein „Bestimmungsdreieck" ABM des 10-Ecks durch Farbe hervorgehoben. Unser Ziel ist es, die Seite x des 10-Ecks (in Abhängigkeit von r) zu konstruieren.

- Der Winkel bei M ergibt sich im 10-Eck so: $\frac{360°}{10} = 36°$.
- Da das Dreieck ABM __________schenklig ist, ergibt sich für die beiden Basiswinkel $\alpha = \beta =$ ________°.

*) nach „Handreichung zum vorläufigen Lehrplan für die Klassenstufe 9 – Gymnasium – Mathematik – Saarland 1981"

In Figur 75 ist das Bestimmungsdreieck ABM vergrößert gezeichnet.

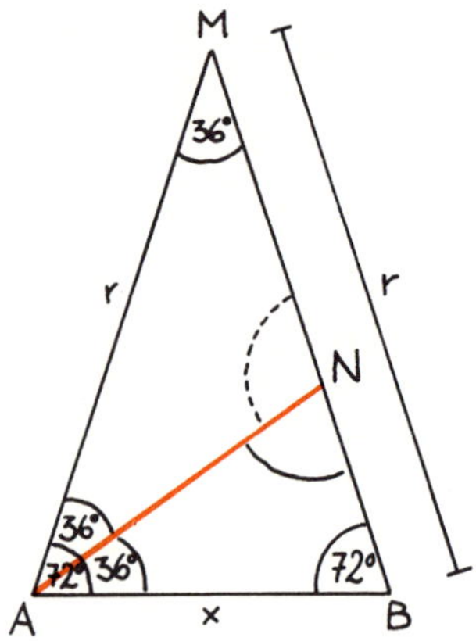

Figur 75

Der Punkt N ergibt sich als Schnittpunkt der Winkelhalbierenden von α mit [MB].

- ➧ Bestimme die Größen der Winkel bei N und trage sie in die Figur 75 ein.
- Aus den Winkelgrößen kannst du ablesen, daß sowohl △ BNA, als auch △ MAN __________schenklig sind.
- ➧ Damit ist $\overline{AN} = x$ und damit und auch $\overline{MN} =$ ___; bezeichne diese Strecken in Figur 75.
- ➧ Die „Reststrecke" $\overline{NB}$ können wir mit $r - x$ bezeichnen; trage auch diese Bezeichnung in Figur 75 ein.

Aus den Winkelgrößen ergibt sich

△ BNA ~ △ ABM

und damit $\frac{r-x}{x} = \frac{\_\_}{\_\_}$.

Zehneck

Wenn du beide Seiten dieser Bruchgleichung mit $x \cdot r$ multiplizierst, ergibt sich:

$$(r - x) \cdot r = x \cdot x$$

$$\Rightarrow r^2 - r \cdot x = x^2$$

$$\Rightarrow \quad 0 = x^2 + r \cdot x - r^2$$

Diese quadratische Gleichung für die gesuchte 10-Eckseite x hat als Lösungen:

$$x_{1/2} = \frac{-r \pm \sqrt{r^2 + 4r^2}}{2} =$$

$$= -\frac{r}{2} \pm \sqrt{\frac{r^2}{4} + r^2} =$$

$$= -\frac{r}{2} \pm \sqrt{\left(\frac{r}{2}\right)^2 + r^2}$$

Da sich für x keine „negative Länge" ergeben kann, gilt:

$$\star \qquad x = -\frac{r}{2} + \sqrt{\left(\frac{r}{2}\right)^2 + r^2}$$

Daraus ergibt sich folgende Konstruktion für x;

- Im rechtwinkligen Dreieck mit den Kathetenlängen $\frac{r}{2}$ und r (Figur 76a)

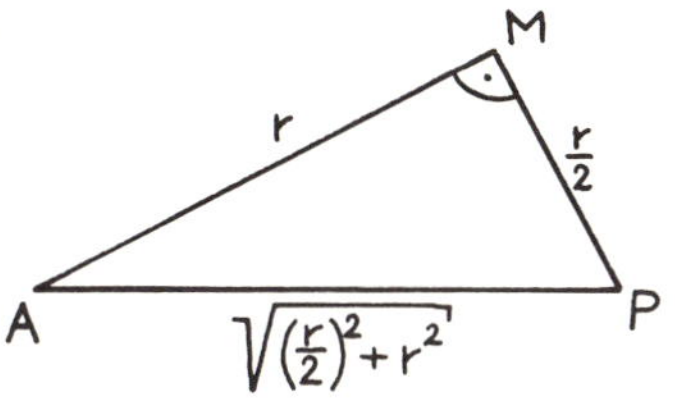

Figur 76a

hat die Hypotenuse die Länge $\sqrt{\left(\frac{r}{2}\right)^2 + r^2}$.

Subtrahiert man von $\overline{AP}$ die Strecke $\left(\frac{r}{2}\right) = \overline{PM}$, so erhält man nach obiger Gleichung ★ die gesuchte 10-Eckseite $x = \overline{AQ}$ (Figur 76b).

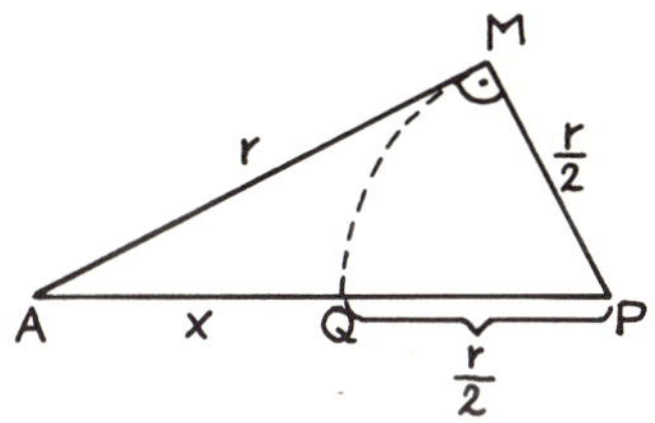

Figur 76b

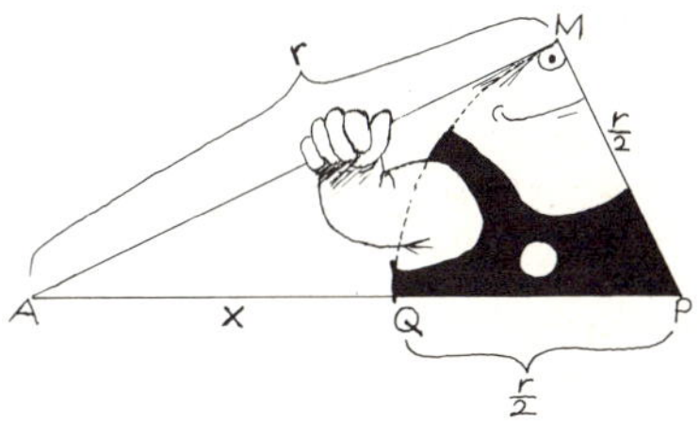

Satzgruppe des PYTHAGORAS
Längenberechnungen bei Körpern

Aufgabe

(37)

a) Beschreibe in Figur 77 dem Kreis k ein reguläres 10-Eck ein.

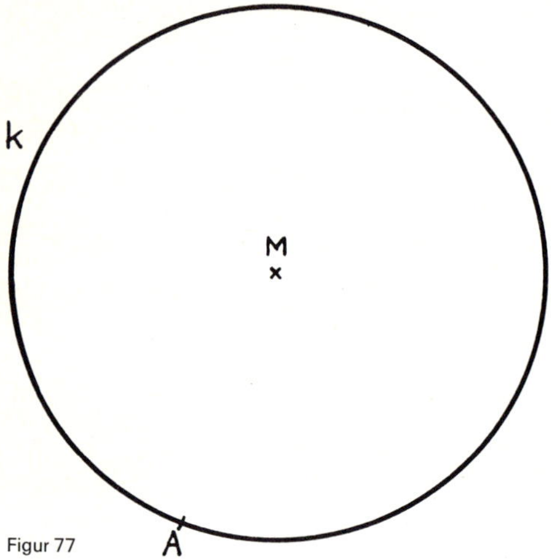

Figur 77

Hinweise:

- Ergänze [MA] zum rechtwinkligen Dreieck APM mit den Katheten $\overline{AM} = r$ und $\overline{PM} = \frac{r}{2}$ (vergl. Figur 76b).
- Finde den Punkt Q mit $\overline{PQ} = \frac{r}{2}$.
- Trage die Strecke $x = \overline{AQ}$ „10mal auf dem Kreis ab".
- Zeichne das gesuchte 10-Eck.

b) Berechne auf einem Beiblatt die Länge der 10-Eckseite x für einen Kreis mit dem Radius r = 3 cm nach der Formel:

$$\star\ x = -\frac{r}{2} + \sqrt{\left(\frac{r}{2}\right)^2 + r^2}$$

$\Rightarrow x =$ ________ cm.

Beachte

Das reguläre 5-Eck ergibt sich aus dem regulären 10-Eck durch „Überspringen" jedes zweiten Eckpunktes (vergl. Figur 78).

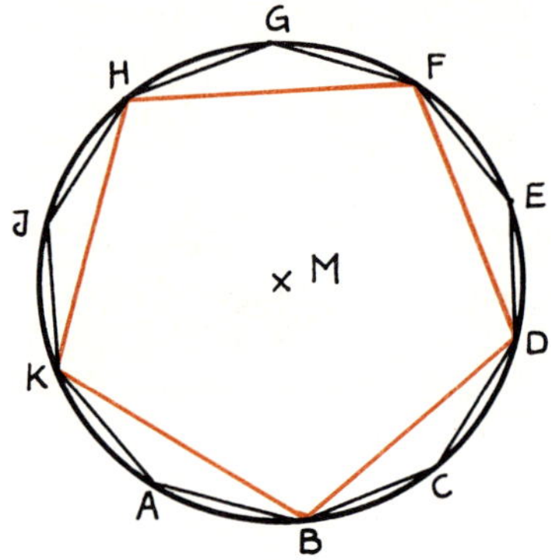

Figur 78

Längenberechnungen bei Körpern

1. Beispiel

Berechne die Länge einer Raumdiagonale eines Würfels mit der Kantenlänge a = 5 cm.

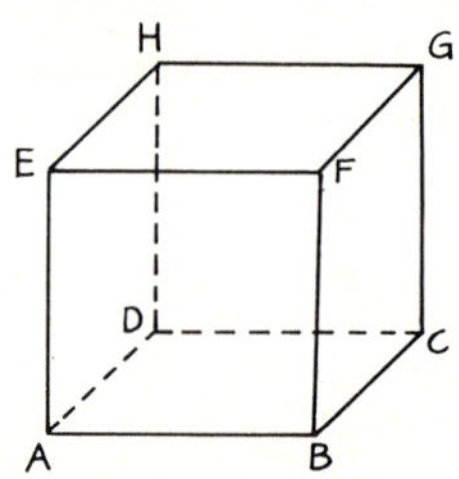

Figur 79

Längenberechnungen bei Körpern

➧ Zeichne die Raumdiagonale [HB] mit Farbe in die Planfigur 79 ein.

Beachte

Damit wir die Länge $\overline{HB}$ berechnen können, muß [HB] als Seite einses rechtwinkeligen Dreiecks auftauchen! Erst dann können wir die Satzgruppe des PYTHAGORAS zur Lösung heranziehen.

➧ Ergänze [HB] durch den Punkt D und zeichne das Dreieck HBD mit Farbe.

- Das Dreieck HBD hat einen rechten Winkel *) bei ______; damit ist die Seite [______] Hypotenuse im △ HBD.
- Als Würfelkante gilt für die Dreieckseite ______ = 5 cm.
- Da [DB] Diagonale im Grundquadrat ABCD ist, können wir die Länge der Dreieckseite $\overline{DB}$ nach der Formel (von Seite 53) berechnen:

  $\overline{DB} = 5\,\text{cm} \cdot \sqrt{\_\_\_\_\_\_} = \_\_\_\_\_\_\,\text{cm}.$

- Wenn du diese Längen in die Formel einsetzt

  $\overline{HB}^2 = \overline{HD}^2 + \overline{DB}^2$

ergibt sich

$\overline{HB}^2 = \_\_\_\_\_\_\,\text{cm}^2 + \_\_\_\_\_\_\,\text{cm}^2 =$

$= \_\_\_\_\_\_\,\text{cm}^2$

$\Rightarrow \overline{HB} = \_\_\_\_\_\_\,\text{cm}.$

*) Durch die perspektivische Verzerrung in der räumlichen Darstellung erscheinen in der Planfigur nicht alle Winkel in ihrer wirklichen Größe.

**) Die genaue Definition findest du auf Seite 81.

2. Beispiel

Berechne die Länge der Seitenkante s einer Pyramide **) mit rechteckiger Grundfläche, deren Grundkanten a = 8 cm, b = 6 cm sowie die Höhe h = 12 cm gegeben sind.

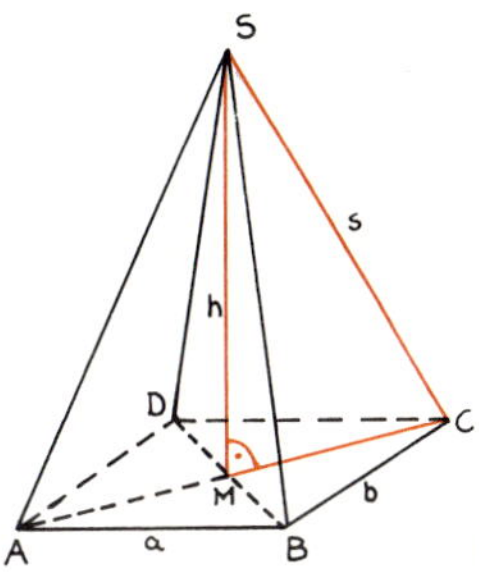

Figur 80

In Planfigur 80 ist ein Bestimmungsdreieck für die Seitenkante s bereits mit Farbe eingezeichnet.

Im △ CSM ist die gesuchte Strecke [CS] = s Hypotenuse, da bei M ein rechter Winkel liegt.

[MC] ist die halbe Diagonale im Rechteck ABCD: $\overline{MC} = \dfrac{\overline{AC}}{2}$

$\Rightarrow \overline{AC}^2 = a^2 + b^2$

$\Rightarrow \overline{AC}^2 = \_\_\_\_\_\_\,\text{cm}^2 + \_\_\_\_\_\_\,\text{cm}^2 =$

$= \_\_\_\_\_\_\,\text{cm}^2$

$\Rightarrow \overline{AC} = \_\_\_\_\_\_\,\text{cm}$

$\Rightarrow \overline{MC} = \_\_\_\_\_\_\,\text{cm}$

Im △ CSM gilt:

$s^2 = \overline{MC}^2 + \_\_\_\_\_\_$

$\Rightarrow s^2 = \_\_\_\_\_\_\,\text{cm}^2 + \_\_\_\_\_\_\,\text{cm}^2 =$

$= \_\_\_\_\_\_\,\text{cm}^2$

$\Rightarrow s = \_\_\_\_\_\_\,\text{cm}$

Satzgruppe des PYTHAGORAS
Längenberechnungen bei Körpern

Aufgaben

(38) Berechne auf einem Beiblatt die Länge der Raumdiagonale d des Quaders ABCDEFGH mit a = 16 cm, b = 12 cm und h = 21 cm.

Hinweis: Zeichne mit Farbe die Raumdiagonale [EC] sowie das Bestimmungsdreieck ECA in Figur 81 ein.

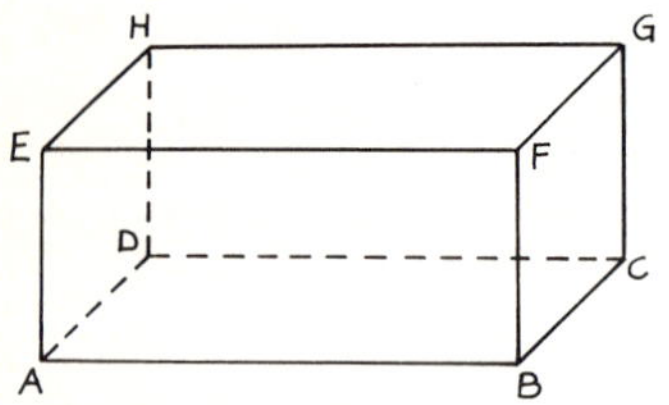

Figur 81

Ergebnis: d = ______ cm.

(39) Berechne auf einem Beiblatt die Länge der Mantellinie des geraden Kreiskegels *) mit dem Grundkreisradius r = 10 cm und der Höhe h = 24 cm.

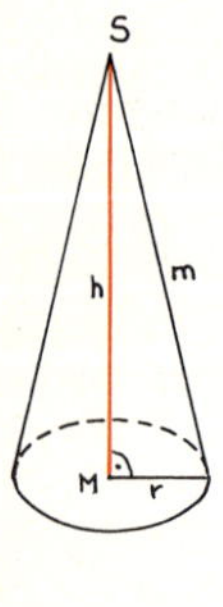

Figur 82

Ergebnis: m = ______ cm.

*) Die genaue Definition findest du auf Seite 81.

(40) In welcher Höhe h lehnt eine 8 m lange Leiter an einer Hauswand, die unten 3 m von der Wand entfernt ist?

Hinweis: Zeichne dir als Figur 83 eine Planfigur von der Seitenansicht.

Ergebnis: h = ______ m.

Kreis
Kreisumfang

Kreisumfang

Alle Figuren, deren Länge ihrer Umfangslinien oder deren Flächeninhalt du bisher berechnet hast, waren durch gerade Strecken begrenzt.
Die Länge gekrümmter Linien zu messen ist wesentlich schwieriger, weil wir mit dem Lineal nur gerade Strecken messen können. Bevor wir die mathematische Methode zur Herleitung der Umfangsformel besprechen, solltest du die Umfänge einiger Kreise experimentell bestimmen und daraus Hinweise für die Formel gewinnen.
Lege dir folgende Dinge bereit, die du für die Längenmessung der Kreisumfänge brauchst: ca. 25 Stecknadeln, ca. 50 cm Faden, Zirkel, Lineal, Papier und eine weiche Unterlage (z. B. eine Decke; es geht auch auf dem Teppich).

Anleitung

- Zeichne mit dem Zirkel verschieden große Kreise und
- lege den Faden um die Kreise, denn die Länge eines Fadens kannst du abmessen, wenn du ihn anschließend gerade ziehst.
- Damit du den Faden möglichst exakt um den Kreis herum legen kannst, stecke die Nadeln entlang der Kreislinie. (Befestige den Faden an einer Nadel, dann läßt er sich gut spannen.)

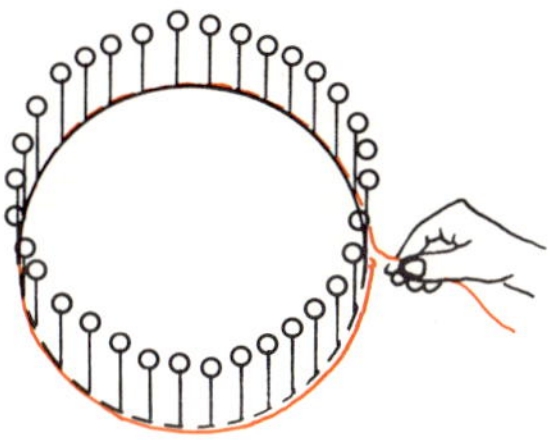

Figur 84a

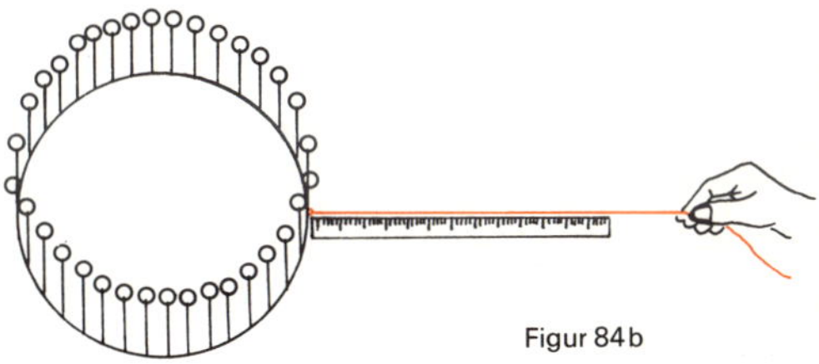

Figur 84b

➧ Zeichne Kreise mit den Radien 1 cm, 2 cm, 3 cm, 4 cm, 5 cm, ..., miß ihren Umfang mit der Fadenmethode auf Millimeter genau und trage deine Ergebnisse in die Tabelle ein:

Radius in cm	1	2	3	4	5	...
Durchm. in cm						
Umfang in cm						

Kreis
Kreisumfang

- Berechne (auf zwei Stellen hinter dem Komma) aus deinen Meßwerten folgende Quotienten:

Radius in cm	1	2	3	4	5	...
$\frac{\text{Umfang in cm}}{\text{Durchm. in cm}}$						

Wenn du einigermaßen genau gezeichnet und gemessen hast, erkennst du sicher einen Zusammenhang zwischen dem Radius bzw. Durchmesser und dem Kreisumfang.

- Schließe auf die fehlenden Werte in der folgenden Tabelle, ohne sie zu messen:

Radius in cm	6	7	10	20	0,5	...
Durchm. in cm						
Umfang in cm						

Der Zusammenhang zwischen Kreisdurchmesser und Kreisumfang läßt sich auf verschiedene Weise ausdrücken:

- Wird bei einem Kreis der Durchmesser verdoppelt, so wird auch der Kreisumfang __________ so lang;
- wird der Durchmesser verdreifacht, so ist der Kreisumfang __________ mal so lang; usw.
- Die beiden Längen des Kreisdurchmessers und des Kreisumfangs sind direkt __________ zueinander.
- Der Quotient aus Kreisumfang und Kreisdurchmesser ist __________ .

Diese Feststellungen, die du auf Grund der Messungen treffen konntest, ergeben sich aus den geometrischen Überlegungen zur **Verhältnistreue** (Seite 21).
Da alle Kreise zueinander ähnliche Figuren sind, gilt für sie, daß die Längen von je zwei entsprechenden Strecken im selben Verhältnis stehen. Hieraus ergibt sich, daß die Längen des Kreisumfangs und des Kreisdurchmessers im selben Verhältnis stehen, bzw. daß der Quotient $\frac{U}{d}$ für jeden Kreis konstant ist.
Dieser Quotient liefert genau die Kreiszahl π, die in der Umfangsformel auftaucht.
Neben dem experimentell gefundenen Wert, den du in der vorletzten Tabelle ermittelt hast, kann die irrationale Zahl π beliebig genau berechnet werden. Die Methode, soll hier nur soweit angedeutet wer-

Kreiszahl
Umfang

den, daß du die Größenordnung abschätzen kannst.
In Figur 85 ist der Kreis mit dem Durchmesser d = 2r der Inkreis des Quadrates ABCD.

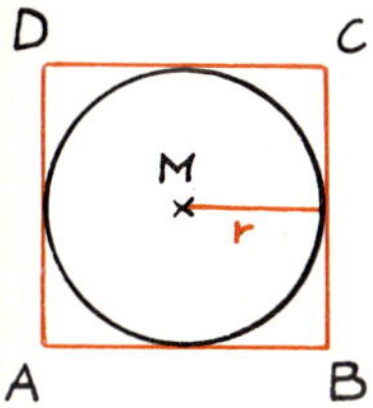

Figur 85

In Figur 86 ist der Kreis mit dem Durchmesser d = 2r Umkreis zu dem regulären Sechseck EFGHIK.

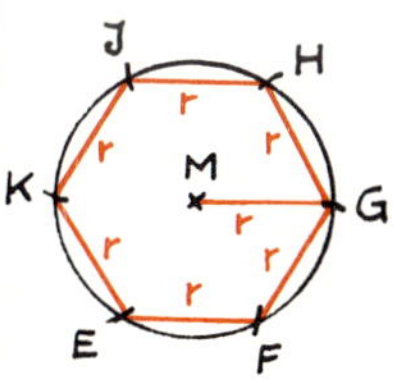

Figur 86

Figur 85 zeigt:

- Der Kreisumfang ist offensichtlich *kürzer/länger* als der Umfang des Quadrates ABCD.

Figur 86 zeigt:

- Der Kreisumfang ist offensichtlich *kürzer/länger* als der Umfang des regulären Sechsecks EFGHIK.

Mit r = Radius und d = Durchmesser des Kreises gilt:

- Der Umfang des Quadrates ABCD beträgt $U_{\square} = \_\_\_ \cdot r$
  bzw. $U_{\square} = \_\_\_ \cdot d$.
- Der Umfang des Sechsecks EFGHIK beträgt $U_{\hexagon} = \_\_\_ \cdot r$
  bzw. $U_{\hexagon} = \_\_\_ \cdot d$.

$$U_{\hexagon} < U_{\bigcirc} < U_{\square}$$

bzw. $\_\_\_ \cdot d < \pi \cdot d < \_\_\_ \cdot d$

Diese Eingrenzung bedeutet für π:

$$3 < \pi < 4$$

Durch die Ein- und Umbeschreibung von Vielecken mit zunehmender Eckenzahl läßt sich die Kreiszahl π immer enger eingrenzen. Für die weiteren Berechnungen in diesem Buch und für die Aufgaben in der Schule genügt eine Genauigkeit auf zwei Stellen hinter dem Komma:

Kreiszahl $\pi = 3{,}14$ *)

Formel

Damit lautet die Formel für den Kreisumfang

	$\mathbf{U = 2 \cdot r \cdot \pi}$
bzw.	$\mathbf{U = d \cdot \pi}$
bzw.	$\mathbf{U = d \cdot 3{,}14}$

*) genauer: $\pi = 3{,}14159265358979323\ldots$

Kreis
Kreisflächeninhalt

Aufgaben

(41) Berechne den Umfang eines Kreises mit dem Radius $r = 3\,\text{cm}$.

(42) Berechne den Umfang eines Kreises mit dem Durchmesser $d = 10\,\text{cm}$.

(43)

a) Berechne den Radius r_1 eines Kreises, der den Umfang $U_1 = 2\,\text{m}$ hat.

$r_1 =$ ____________

b) Berechne den Radius r_2 eines Kreises, der den Umfang $U_2 = 2{,}10\,\text{m}$ hat.

$r_2 =$ __________

c) Der Radius r_2 ist um ___ cm länger als der Radius r_1.

(44) Wenn wir uns die Erde als glatte Kugel denken und um den Äquator ein Metallband legten, so hätte es eine Länge von 40 000 km (U_1). Angenommen, du schnittest dieses Band auf und verlängertest es um 10 cm (U_2). Wieviel Abstand hätte das Band dann von der Erdoberfläche? Überlege und berechne.

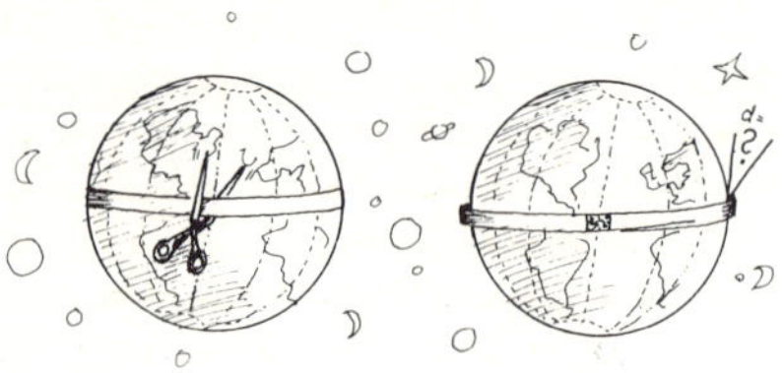

$$r_1 = \frac{U_1}{2 \cdot \pi} = \frac{\_\_\_\_\_\_}{\_\_\_\_\_\_} = \_\_\_\_\_\_$$

$$r_2 = \frac{U_1 + 10\,\text{cm}}{2 \cdot \pi} = \frac{\_\_\_\_\_\_}{\_\_\_\_\_\_} + \frac{10\,\text{cm}}{\_\_\_\_\_\_}$$

$$= \_\_\_\_\_\_ + \_\_\_\_\_\_$$

Kreisflächeninhalt

Bei der Berechnung des Inhaltes der Kreisfläche stoßen wir auf ähnliche Schwierigkeiten wie bei der Berechnung des Kreisumfangs. Da die Begrenzungslinie eine „krumme Linie" ist, müssen wir versuchen, die Kreisfläche möglichst exakt zusammenzusetzen aus Flächenstücken mit geraden Begrenzungslinien.
Zu einer relativ exakten, aber sicher sehr zeitaufwendigen Bestimmung des Flächeninhaltes gelangt man, wenn man den Kreis auf Millimeterpapier zeichnet

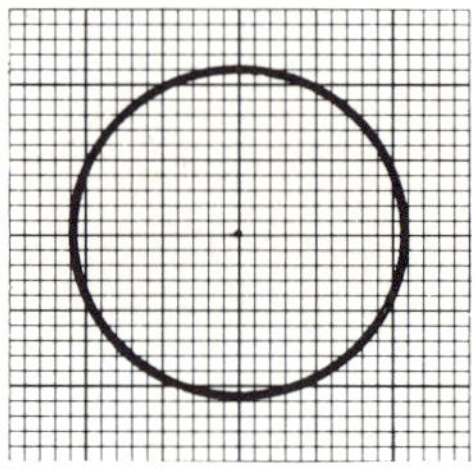

Figur 87

und die 1 mm^2-Kästchen auszählt.

Zur Größenordnung der Kreisfläche kommen wir, wenn wir den Inkreis eines Quadrates herausschneiden und die Größe der „Abfallflächen" abschätzen.

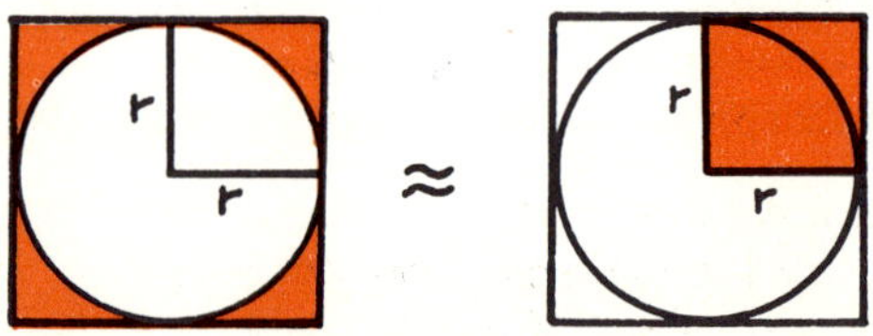

Figur 88

Kreisfläche
Kreisring

Wenn wir „über den Daumen peilen", daß die rot schraffierten Flächen ungefähr inhaltsgleich sind, gilt das auch für die Kreisfläche und die „$\frac{3}{4}$ Fläche" des Quadrates.

Quadratflächeninhalt $= \_\_\_\_\_\_ \cdot r^2$

Kreisflächeninhalt $\approx \frac{3}{4} \cdot \_\_\_\_\_\_ r^2 =$

$= \_\_\_\_\_\_ \cdot r^2$

Genauer läßt sich die Flächenformel für den Kreis mit folgenden Überlegungen bestimmen:
Wenn man einen Kreis in viele kleine (Torten-)Stücke schneidet, wie in Figur 89 angedeutet, kann man diese zu einer neuen Figur zusammensetzen, die annähernd die Form eines Rechtecks besitzt.

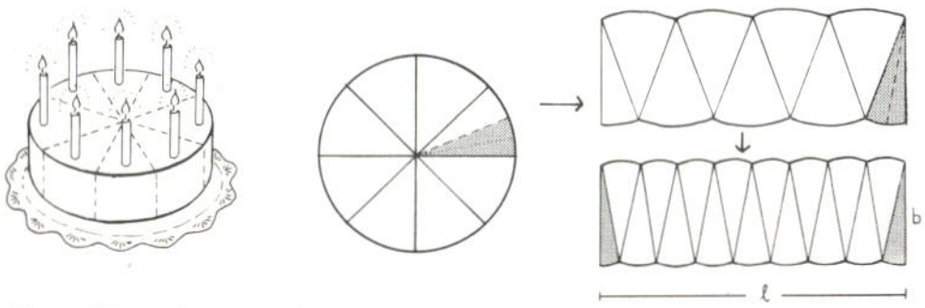

Figur 89 a b c d

Je schmäler du die Tortenstücke schneidest, desto genauer lassen sie sich zu einem Rechteck zusammenfügen, dessen kurze Seite b mit dem ________ des Kreises übereinstimmt *), und dessen lange Seite l gleich dem halben ________ des Kreises ist **).

---

*) $b = r$

**) $l = \frac{2 \cdot r \cdot \pi}{2} = r \cdot \pi$

Die Flächenformel des Rechtecks

$$A_{\square} = l \cdot b$$

lautet mit den Kreisgrößen:

$$A_{\bigcirc} = r^2 \cdot \pi$$

Hinweis: Die Flächeninhaltsformel für Kreise läßt sich auch durch Ein- und Umbeschreiben von Vielecken mit Grenzbetrachtungen bei zunehmender Eckenzahl und durch Ähnlichkeitsüberlegungen herleiten.

Aufgaben

(45) Berechne den Flächeninhalt eines Kreises mit dem Radius $r = 3$ cm.

(46) Berechne den Durchmesser eines Kreises, dessen Flächeninhalt 100 cm^2 beträgt.

$r^2 = \_\_\_\_\_\_\_\_$

$\Rightarrow r = \_\_\_\_\_\_$ cm $\Rightarrow d = \_\_\_\_\_\_$ cm

(47) Berechne auf einem Beiblatt die Fläche eines Kreises, dessen Umfang $U = 1{,}5$ m beträgt.

(48) Berechne den Flächeninhalt eines Kreisringes, dessen Innenkreis den Radius $r_i = 4$ cm und dessen Außenkreis den Radius $r_a = 6$ cm hat.

$A_a = \_\_\_\_\_\_\_\_$

$A_i = \_\_\_\_\_\_\_\_$

$A_{Kreisring} = \_\_\_\_\_\_\_\_$

Kreis
Kreisbogen, -sektor, -ausschnitt

(49) Berechne die Radien r_i und r_a des inneren und des äußeren Kreises eines Kreisringes (KR), dessen Flächeninhalt $A_{KR} = 15\,m^2$ beträgt, und der $b = 0{,}5\,m$ breit ist.

(**Hinweis:** Stelle zunächst zwei Gleichungen mit den beiden Unbekannten r_i und r_a auf und gewinne daraus durch das Einsetzungsverfahren eine Gleichung mit einer Unbekannten.)

I $\quad A_{KR} = r_a^2 \cdot \pi - \_\_\_\_\_\_$

II $\quad b = \_\_\_ - \_\_\_ \Rightarrow r_a = b + \_\_\_$

r_a in I $\quad A_{KR} = (\_\_\_ + \_\_\_)^2 \cdot \_\_\_ - \_\_\_\_\_\_$

$\Rightarrow \quad A_{KR} = \_\_\_\_\_\_ + 2 \cdot r_i \cdot b \cdot \pi + \_\_\_\_\_\_ - \_\_\_\_\_\_$

$\Rightarrow \quad A_{KR} = \_\_\_\_\_\_ + 2 \cdot r_i \cdot b \cdot \pi$

$\Rightarrow \quad r_i = \dfrac{A_{KR} - \_\_\_\_\_\_}{2 \cdot b \cdot \pi}$

$\Rightarrow \quad r_i = \_\_\_\_\_\_\,m$

$\Rightarrow \quad r_a = \_\_\_\_\_\_\,m.$

Den Schluß dieses Kapitels bilden Berechnungen, die sich auf Teile des Kreisumfangs und der Kreisfläche beziehen.

Erinnere dich:
Mittelpunktswinkel haben ihren Scheitel im Kreismittelpunkt.

Definitionen

- Jeder Mittelpunktswinkel „schneidet" aus der Kreislinie einen **Kreisbogen** b aus.
- Die Fläche, die von den Schenkeln eines Mittelpunktswinkels und dem zugehörigen Kreisbogen eingeschlossen wird, heißt **Kreissektor** oder **Kreisausschnitt.**

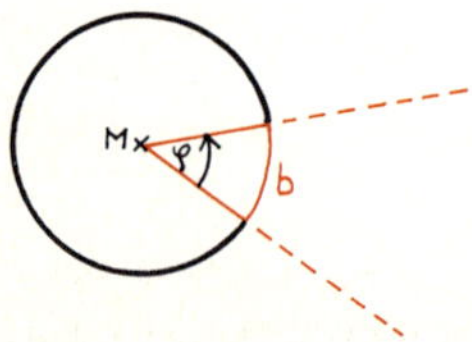

Figur 90a

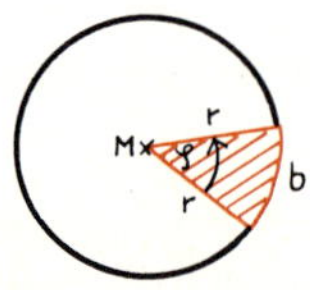

Figur 90b

Kreisbogenlänge
Mittelpunktswinkel

Wenn ein Kreis mit einem bestimmten Radius vorgegeben ist, hängt die Länge des Kreisbogens und die Größe der Sektorfläche ab von der Größe des

______________________________ .

Die Formel für die Bogenlänge ist leicht zu verstehen, wenn du dir folgende Herleitung klar machst:

- Zum Vollwinkel $\varphi = 360°$ gehört der Kreis„bogen“ mit $b_{360°} = 2 \cdot r \cdot \pi$.
- Zum gestreckten Winkel $\varphi = 180°$ gehört der Kreisbogen $b_{180°} =$ ________ .
- Zum rechten Winkel $\varphi = 90°$ gehört der Kreisbogen $b_{90°} =$ ________ .
- Zum Winkel $\varphi = 1°$ gehört der Kreisbogen $b_{1°} =$ ________ $2 \cdot r \cdot \pi$.
- Zum allgemeinen Mittelpunktswinkel φ gehört der Kreisbogen

  $$b_\varphi = \frac{\varphi}{360°} \cdot 2 \cdot r \cdot \pi.$$

Wenn du diese Formel noch mit 2 kürzt, erhälst du die **Formel für die Kreisbogenlänge**

$$\mathbf{b_\varphi = \frac{\varphi}{180°} \cdot r \cdot \pi}$$

Aufgaben

(50) Berechne die Länge des Kreisbogens, der zu einem Mittelpunktswinkel $\varphi = 24°$ und einem Radius $r = 20$ cm gehört.

(51) Berechne die Länge des Radius r, der zum Mittelpunktswinkel $\varphi = 14°$ und dem Kreisbogen $b_{14°} = 30$ m gehört.

$$b = \frac{\varphi}{180°} \cdot r \cdot \pi \Rightarrow r = \frac{b \cdot \_\_\_\_}{\_\_\_\_ \cdot \_\_\_\_}$$

$$\Rightarrow r = \_\_\_\_\_\_\_\_\_\_ .$$

(52) Dem Ägypter ERATOSTHENES (290–215 v. Chr.) ist es bereits ca. 250 Jahre vor unserer Zeitrechnung gelungen, den Erdradius und damit auch den Erdumfang zu berechnen. Mit Hilfe eines Lotes und eines tiefen Brunnens im ägyptischen Syene stellte er fest, daß die Sonne dort (mittags bei der Sommersonnenwende) senkrecht über der Erde steht. Da er wußte, daß die Strahlen der Sonne die Erde parallel treffen, mußte bei der Messung zur gleichen Stunde im nördlich gelegenen Alexandria zwischen dem einfallenden Strahl und der dortigen Senkrechten ein Winkel entstehen. Anhand dieses Winkels, der als gedachter Mittelpunktwinkel noch einmal auftritt, und der Entfernung zwischen Syene und Alexandria konnte er den Radius und damit auch den Umfang der Erde fast auf den Kilometer genau berechnen.

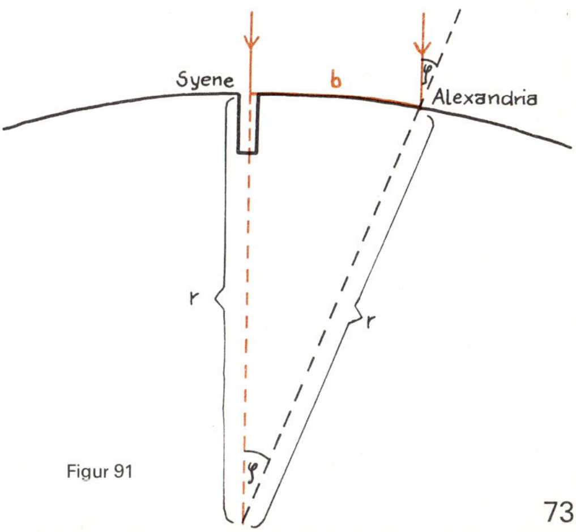

Figur 91

Kreis
Kreissektor

Die Messungen ergaben: $b = 900$ km und $\varphi = 8°$.

a) Berechne auf einem Beiblatt die Länge des Erdradius.

b) Berechne daraus (bei idealisierter Kugelgestalt der Erde) die Länge des Erdumfangs.

(53) Die Entfernung Sonne – Erde beträgt 149 504 200 km.
Berechne den Weg, den die Erde auf ihrer Kreisbahn um die Sonne in einer Sekunde zurücklegt.

U = ______________________

1 Tag = ___ h = ______ sec

365 Tage = __________________ sec

Weg in 1 sec = __________________

Die Formel für den Flächeninhalt eines Kreissektors können wir ähnlich herleiten, wie die der Bogenlänge:

- Zum Vollwinkel $\varphi = 360°$ gehört der Vollkreis mit $A_{360°} = r^2 \cdot \pi$.
- Zum gestreckten Winkel $\varphi = 180°$ gehört der Halbkreis mit $A_{180°} =$ ______.
- Zum rechten Winkel $\varphi = 90°$ gehört der Viertelkreis mit $A_{90°} =$ ______.
- Zum Winkel $\varphi = 1°$ gehört der Kreissektor mit $A_{1°} =$ ____________.
- Zum allgemeinen Winkel φ gehört die **Formel für die Kreissektorfläche**

$$A_\varphi = \frac{\varphi}{360°} \cdot r^2 \cdot \pi$$

Aufgaben

(54) Berechne den Flächeninhalt des Kreissektors, der zu einem Mittelpunktswinkel $\varphi = 24°$ und einem Radius $r = 20$ cm gehört.

(55) Berechne die Länge des Radius r, der zum Mittelpunktswinkel $\varphi = 7°$ und der Kreissektorfläche $A_{7°} = 500\ m^2$ gehört.

$A = \frac{\varphi}{360°} \cdot r^2 \cdot \pi \Rightarrow r^2 =$ ______________

$\Rightarrow r^2 =$ ________ m^2

$\Rightarrow r =$ ________ m

(56) Wieviel Prozent der kreisförmigen Querschnittsfläche eines Baumstamms mit dem Umfang $U = 1{,}5$ m sind Abfall, wenn aus dem Stamm ein Balken mit möglichst großem quadratischem Querschnitt geschnitten werden soll?

Figur 92

Hinweise:

- Trage in die Figur 92 die Bezeichnungen ein, die du bei der Berechnung verwendest.
- Schließe vom Umfang auf den Radius.
- Berechne Kreis- und Quadratfläche und damit den prozentualen Abfall. (Die Berechnung der Quadratseite kannst du umgehen, wenn du dir das Quadrat aus zwei Dreiecken zusammengesetzt denkst.)

Möndchen des HIPPOKRATES

- r = ______________
- $A_{\bigcirc}$ = ______________ ≙ 100%
- $A_{\square}$ = ______________ ≙ ______ %
- Von der kreisförmigen Querschnittsfläche fallen ________ als Abfall an.

(57) In Figur 93 siehst du ein rechtwinkliges Dreieck mit je einem Halbkreis über der Hypotenuse und den beiden Katheten. Beweise, daß die Dreiecksfläche inhaltsgleich ist zur Summe der Sichelflächen *) über den Katheten.

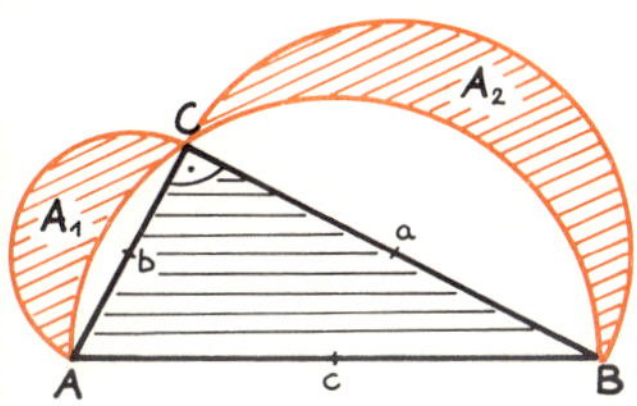

Figur 93

Berechne zunächst die Flächeninhalte der Halbkreise über a und b:

$$A_{\overset{\frown}{a}} = \frac{1}{2}\cdot\left(\frac{a}{2}\right)^2\cdot\pi = \frac{1}{2}\cdot\frac{a^2}{4}\cdot\pi = \frac{a^2}{\underline{\qquad}}\cdot\pi$$

$$A_{\overset{\frown}{b}} = \frac{1}{2}\cdot\left(\underline{\qquad}\right)^2\cdot\pi = \frac{1}{2}\cdot\underline{\qquad}\cdot\pi = \underline{\qquad}\cdot\pi$$

Um zur Summe der Sichelflächen zu gelangen, müssen wir von der Summe der berechneten Halbkreisflächen noch die Flächen zwischen den Sicheln und dem Dreieck abziehen. Dasselbe erreichen wir, wenn wir zunächst die Halbkreisfläche über c subtrahieren und dann die Dreiecksfläche wieder ______________.

$$A_1 + A_2 = A_{\overset{\frown}{a}} + A_{\overset{\frown}{b}} - A_{\overset{\frown}{c}} + A_{\triangle} =$$

$$= \underbrace{\frac{a^2}{8}\cdot\pi + \underline{\qquad}\cdot\pi - \frac{\underline{\qquad}}{8}\cdot\pi}_{\text{klammere } \frac{\pi}{8} \text{ aus}} + A_{\triangle} =$$

$$= \frac{\pi}{8}\cdot(a^2 + \underline{\qquad} - \underline{\qquad}) + A_{\triangle}$$

➧ Für den Klammerterm gilt nach PYTHAGORAS:

$$a^2 + b^2 = c^2 \qquad | - c^2$$

$$\Rightarrow a^2 + b^2 - c^2 = \underline{\qquad}$$

Damit reduziert sich die obige Gleichung auf:

$$A_1 + A_2 = \frac{\pi}{8}\cdot 0 + A_{\triangle} \quad \text{bzw.}$$

$$A_1 + A_2 = A_{\triangle}$$

Damit ist die Behauptung bewiesen.

(58) Beweise, daß die schraffierten Flächen A_1 und A_2 („Kreiszweieck“ und „Kreisdreieck“) in Figur 94 inhaltsgleich sind.

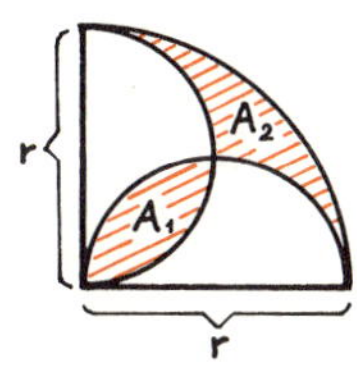

Figur 94

Vergleiche deinen Beweis mit dem Lösungsheft.

*) Möndchen des HIPPOKRATES

Kreis
Kreisabschnitt, -segment

Definition

Die Fläche, die von einem Kreisbogen und der zugehörigen Sehne begrenzt wird, heißt **Kreisabschnitt** oder **Kreissegment**.

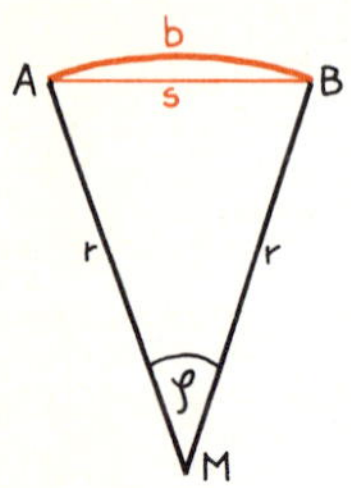

Figur 95

Folgerung

Der Flächeninhalt eines Kreisabschnittes ergibt sich als Differenz der Flächeninhalte des zugehörigen Kreissektors und des Dreiecks AMB (vergl. Figur 95). Da das Dreieck AMB gleich ________________ ist, läßt sich sein Flächeninhalt leicht aus s und r berechnen.

Aufgaben

(59) Berechne den Flächeninhalt des Kreisabschnittes, der bei einem Kreis mit $r = 3$ cm und einem Mittelpunktswinkel $\varphi = 60°$ entsteht.
(Figur 95 sei die Planfigur für diese Aufgabe.)

Formel:

$A_{\triangledown} = \frac{\quad}{\quad} \cdot \_\_\_^2 \cdot \pi \quad \Rightarrow$

$A_{\triangledown} = \frac{\quad}{360°} \cdot \_\_\_\_ \text{ cm}^2 \cdot 3{,}14 = \_\_\_\_ \text{ cm}^2$

Da für den Mittelpunktswinkel $\varphi = 60°$ gilt, ist das gleichschenklige Dreieck ABC in diesem Fall ein gleich ________________ Dreieck.

Formel: (Vergl. Seite 54)

$A_{\triangle} = \frac{\sqrt{\quad} \cdot \_\_\_\_}{4} \quad \Rightarrow$

$A_{\triangle} = \frac{\sqrt{\quad} \cdot \_\_\_\_ \text{ cm}^2}{4} = \_\_\_\_ \text{ cm}^2$

Flächeninhalt des Kreisabschnittes =

$= A_{\triangledown} \quad - \quad A_{\triangle} \quad =$

$= \_\_\_\_ \text{ cm}^2 - \_\_\_\_ \text{ cm}^2 = \_\_\_\_ \text{ cm}^2$

(60) Berechne den Flächeninhalt des Kreisabschnittes, der bei einem Kreis mit $r = 8$ cm und dem Kreisbogen $b = 12{,}56$ cm entsteht.

Formel:

$b_{\varphi} = \frac{\quad}{\quad} \cdot \_\_\_ \cdot \_\_\_ \quad \Rightarrow$

$\varphi = \_\_\_\_$

Da in diesem Fall das Dreieck AMB (vergleiche Figur 95) ________winklig ist, läßt sich sein Flächeninhalt aus den Katheten berechnen:

$A_{\triangle} = \frac{\_\_\_ \text{ cm} \cdot \_\_\_ \text{ cm}}{2} = \_\_\_\_ \text{ cm}^2$

$A_{\triangledown} = \frac{\quad °}{180°} \cdot \_\_\_\_ \text{ cm}^2 \cdot 3{,}14 = \_\_\_\_ \text{ cm}^2$

Flächeninhalt des Kreisabschnittes =

$= A_{\triangledown} \quad - \quad A_{\triangle} \quad =$

$= \_\_\_\_ \text{ cm}^2 - \_\_\_ \text{ cm}^2 = \_\_\_\_ \text{ cm}^2$

Körperberechnungen
Prismen

Nachdem du bereits früher gelernt hast, verschiedene Körper im Schrägbild zu zeichnen, geht es in diesem Kapitel um die Berechnung bestimmter Längen, Oberflächen und Rauminhalten von Körpern. Zur Einführung und Erinnerung zunächst die Definitionen der bereits bekannten Körper, die als Grundflächen Vielecke haben, und als „Neudefinition" die Körper mit kreisförmiger Grundfläche.

Prismen und Zylinder

Definitionen und Feststellungen

- Als **Prismen** bzw. **Säulen** werden Körper bezeichnet, die als Grund- und Deckflächen kongruente Vielecke besitzen.
- Wir beschränken uns im Folgenden auf gerade Prismen bzw. gerade Säulen, bei denen die Seitenkanten senkrecht auf Grund- und Deckfläche stehen. *)

Figur 96a–b

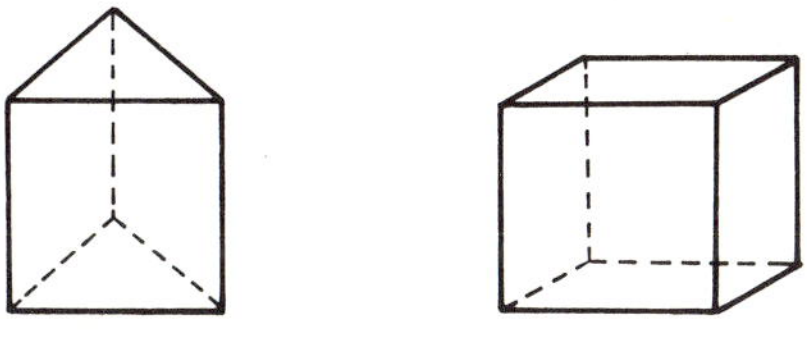

*) Nach dem „Prinzip von CAVALIERI" gelten die hergeleiteten Volumenformeln auch für „schiefe" Körper.

Figur 96c–d

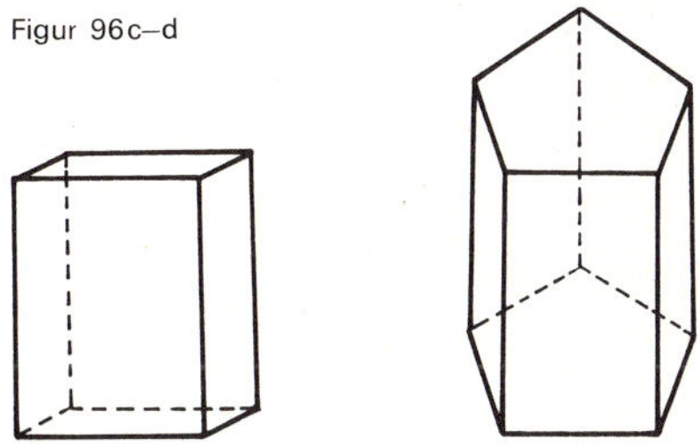

- Die Vieleckseiten der Grundfläche heißen **Grundkanten**, die Verbindungsstrecken entsprechender Eckpunkte von Grund- und Deckfläche heißen **Seitenkanten**.
- Den Abstand von Grund- und Deckfläche bezeichnet man als **Höhe** h des Körpers.

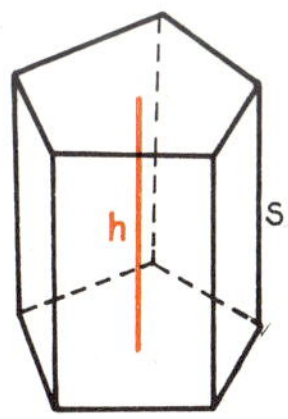

Figur 97

- Bei geraden Prismen sind die Seitenkanten s und die Höhe h ______ lang.
- Die Seitenflächen sind jeweils ______ecke.
- Die Summe der Seitenflächen wird als **Mantel** (-fläche) bezeichnet.
- Die **Oberfläche** eines Prismas ergibt sich als Summe von Grund-, Deck- und Mantelfläche.

Körperberechnungen
Zylinder, Netz

- Der Sonderfall einer Säule mit kreisförmiger Grund- und Deckfläche heißt **Zylinder** bzw. **Kreiszylinder**.

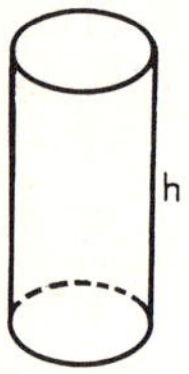

Figur 98

- Die Mantelfläche M eines Zylinders ist ein Rechteck, dessen eine Seite die Zylinderhöhe und dessen andere Seite gleich der Länge des Kreis-
____________ ist.

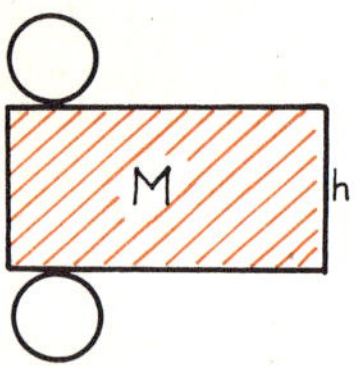

Figur 99

- Wenn man die Begrenzungsflächen eines Körpers in der Zeichenebene ausbreitet, entsteht das sogenannte **Netz** des Körpers.

1. Beispiel

a) Zeichne auf einem Beiblatt als Figur 100b das Netz eines Dreieckprismas ABCDEF (Planfigur 100a). Das Grundflächendreieck ABC hat die Seiten a = 4 cm, b = 3 cm und den Winkel $\gamma = 90°$; für die Seitenkanten des Prismas gilt s = 6 cm.

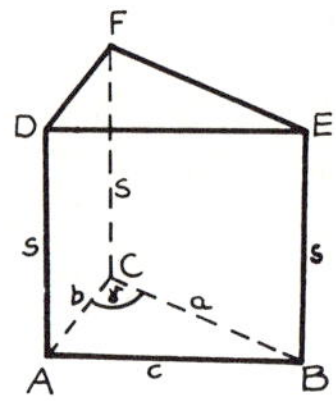

Figur 100a

b) Berechne den Oberflächeninhalt O des Dreieckprismas:

$O = A_{\triangle ABC} + A_{\square ABED} + A_{\square ----} + A_{\square ----} + A_{\triangle ---} =$

$= \_\_\_ cm^2 + \_\_\_\_\_\_ cm^2 + \_\_\_\_\_\_ cm^2 + \_\_\_\_\_\_ cm^2 + \_\_\_ cm^2 =$
$= \_\_\_\_\_\_ cm^2$

oder kürzer:

$O = 2 \cdot A_{\triangle ABC} + (a + b + \_\_\_) \cdot \_\_\_ =$

$= 2 \cdot \_\_\_ cm^2 + \_\_\_\_\_\_ cm \cdot \_\_\_ cm =$

$= \_\_\_\_\_\_ cm^2 + \_\_\_\_\_\_ cm^2 =$

$= \_\_\_\_\_\_ cm^2$

Volumen
Sechsecksäule

2. Beispiel

a) Zeichne auf einem Beiblatt als Figur 101 das Netz eines Zylinders mit dem Grundkreisradius r = 2 cm und der Zylinderhöhe h = 5 cm.
(Nimm Figur 99 als Planfigur.)

b) Berechne den Inhalt der Mantelfläche des Zylinders:

$U = \_\_\_ \cdot \_\_\_\_\_\_ \cdot \pi = \_\_\_\_\_\_$ cm

$M = \_\_\_ \cdot h = \_\_\_\_\_\_$ cm $\cdot \_\_\_\_\_\_$ cm $=$

$= \_\_\_\_\_\_ \text{ cm}^2.$

Prismen- und Zylindervolumen

Die Formel für die Volumenberechnung gerader Prismen kennst du sicher bereits:

$$V_{Prisma} = G \cdot h$$

Dabei steht G für den Flächeninhalt der Grundfläche und h für die Körperhöhe.

Vielleicht erinnerst du dich noch daran, daß diese Formel zunächst für einen Quader entwickelt und dann für beliebige Vielecke als Prismengrundflächen verallgemeinert wurde.

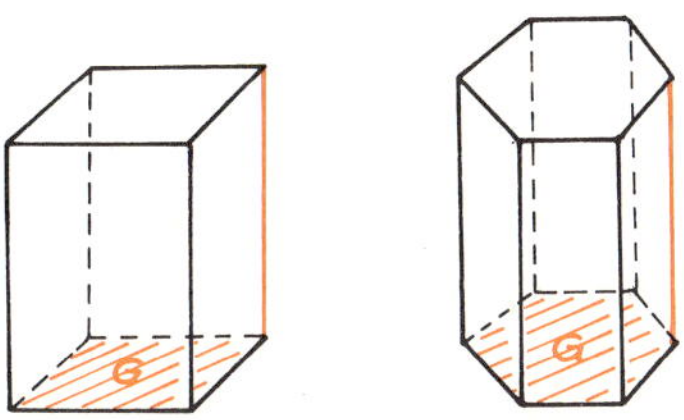

Figur 102a–b

- Zwei Prismen mit gleicher Höhe besitzen dasselbe Volumen, wenn ihre ____________ inhaltsgleich sind.
- Derselbe Gedankengang *) führt durch Verallgemeinerung der obigen Formel auf die Volumenformel für Zylinder.

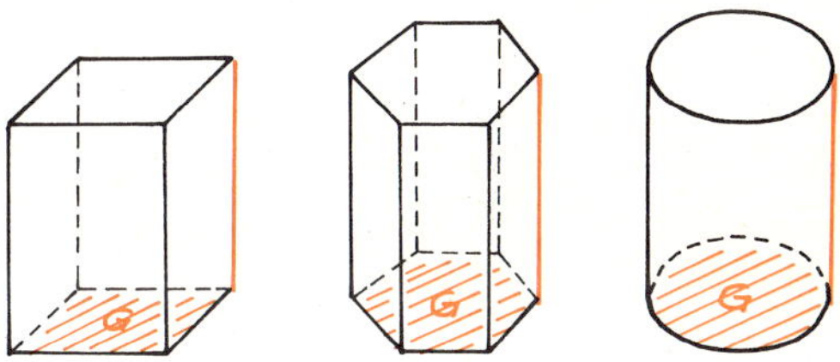

Figur 102a/b/c

Mit der Kreisflächenformel für die Grundfläche lautet die Formel für das Zylindervolumen:

$$V_{Zylinder} = \_\_\_ \cdot \_\_\_ \cdot h$$

Beispiel

Berechne das Volumen einer Sechsecksäule, deren Grund- und Deckfläche jeweils ein reguläres Sechseck ist, mit der Seitenlänge a = 5 cm und der Körperhöhe h = 12 cm.

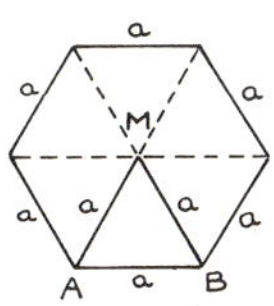

Figur 103

*) auf den exakten Beweis gehen wir nicht näher ein.

Körperberechnungen
Prismen und Zylinder: Aufgaben

In der Planfigur 103 ist die Grundfläche der Sechsecksäule (vergleiche als Planfigur auch Figur 102b) gezeichnet.

Der Flächeninhalt des Sechsecks läßt sich leicht berechnen, da das Bestimmungsdreieck ABM ein gleich____________ Dreieck ist.

- Nach der Formel von Seite 54 gilt für die Dreiecksfläche:

$$A_{\triangle ABM} = \frac{\sqrt{\_\_\_} \cdot a^2}{4} =$$

$$= \frac{\_\_\_ \cdot \_\_\_\_\_\_ \text{ cm}^2}{4} = \_\_\_\_\_\_ \text{ cm}^2$$

- Sechseckfläche:

$G = \_\_\_ \cdot A_{\triangle} = \_\_\_ \cdot \_\_\_\_\_\_ \text{ cm}^2 = \_\_\_\_\_\_ \text{ cm}^2$

- Säulenvolumen:

$V = G \cdot h = \_\_\_\_\_\_ \text{ cm}^2 \cdot \_\_\_\_\_\_ \text{ cm} = \_\_\_\_\_\_ \text{ cm}^3.$

Aufgaben

(61) Berechne das Volumen eines Zylinders mit dem Grundkreisradius $r = 2{,}5$ cm und der Körperhöhe $h = 8$ cm.

G = ____________

V = ____________

(62) Berechne das Volumen eines Körpers, der aus einem Quader mit aufgesetztem Prisma besteht. Das Prisma hat ein gleichseitiges Dreieck als Grundfläche. Die Deckfläche des Quaders und eine Seitenfläche des Prismas fallen zusammen. Die Maße des Quaders sind: $l = 10$ m, $b = 4$ m, $h = 5$ m. (Vergleiche Planfigur 104.)

$V_{Quader} = \_\_\_\_\_\_$; $G_{Prisma} = \_\_\_\_\_\_$;

$V_{Prisma} = \_\_\_\_\_\_$; $V_{Körper} = \_\_\_\_\_\_$.

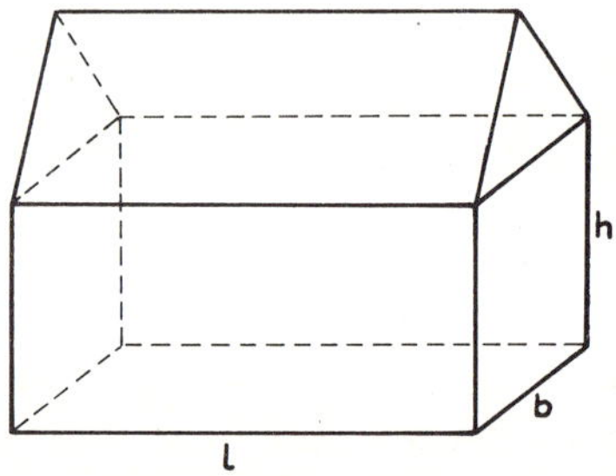

Figur 104

(63) Von einem Quader sind seine Länge $l = 13$ cm, seine Breite $b = 9$ cm und sein Volumen $V = 819 \text{ cm}^3$ bekannt. Berechne die Höhe h des Quaders.

(64) Berechne den Grundkreisradius eines 8 cm hohen Zylinders, der ein Volumen $V = 240 \text{ cm}^3$ hat.

$$V = r^2 \cdot \pi \cdot h \Rightarrow r^2 = \frac{V}{\_\_\_ \cdot \_\_\_}$$

$\Rightarrow r^2 = \_\_\_\_\_\_\_\_\_\_$

$\Rightarrow r = \_\_\_\_\_\_ \text{ cm}$

Pyramiden und Kegel
Mantellinie, Kegelnetz

Pyramiden und Kegel

Definitionen und Feststellungen

- Als **Pyramiden** bzw. **Spitzkörper** werden Körper bezeichnet, die Vielecke als Grundflächen besitzen, und deren Seitenflächen sich alle in einem Punkt – der **Spitze** – „über" der Grundfläche treffen.

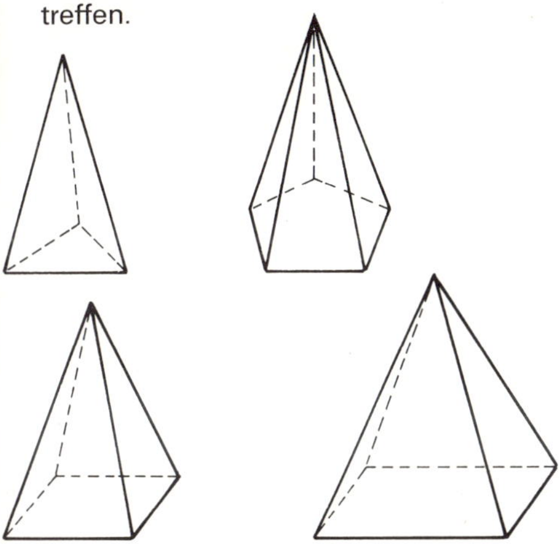

Figur 105a–d

- Die Seitenflächen sind jeweils _______ecke.
- Den Abstand der Spitze S von der Grundfläche bezeichnet man als **Höhe** h des Körpers.

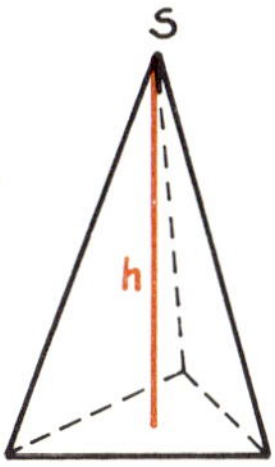

Figur 106

- Der Sonderfall eines Spitzkörpers mit kreisförmiger Grundfläche, bei dem die Spitze S senkrecht über dem Grundkreismittelpunkt M liegt, wird als (**Kreis-**)**Kegel** bezeichnet.

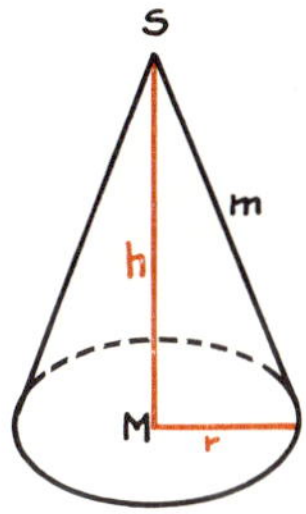

Figur 107

- Das **Netz** eines Kegels (Figur 108) besteht aus dem Grundkreis und einem **Kreisausschnitt**, der vom **Kreisbogen b** und den **Mantellinien m** begrenzt wird.

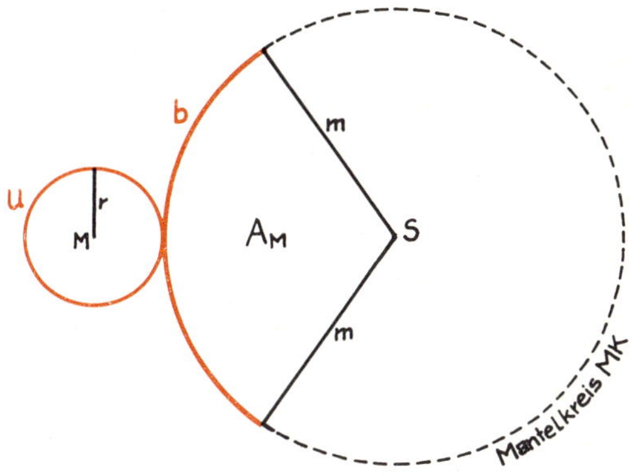

Figur 108

Körperberechnungen
Kegeloberfläche

Zur Formel für die Berechnung der Mantelfläche (A_M) eines Kreiskegels führen folgende Überlegungen:

- Die Länge des Kreisbogens b stimmt mit der Länge des ________ des Grundkreises überein:

  $b = U$

  $\Rightarrow b = 2 \cdot \_\_ \cdot \_\_$

- Die Gesamtfläche des Kreises (A_{MK}), aus dem der Mantel stammt, berechnet sich nach der Formel:

  $A_{MK} = \_\_^2 \cdot \pi$

Wir suchen nun den Teil der Gesamtfläche dieses Kreises, der der Länge des Kreisbogens entspricht.

- Um zu wissen, „wieviel Fläche auf 1 cm Bogenlänge trifft",

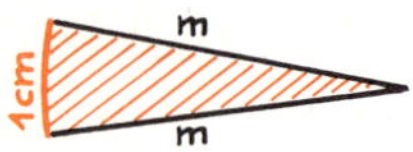

Figur 109

muß die Gesamtfläche „durch den Umfang des Kreise geteilt werden":

$$\text{Fläche pro 1 cm Bogenlänge} = \frac{m^2 \cdot \pi}{2 \cdot \_\_ \cdot \pi}$$

- Wenn wir diesen Term mit der Länge des Kreisbogens b multiplizieren, erhalten wir den Flächeninhalt des zugehörigen Kreisausschnittes, also des Mantels:

$$A_M = \frac{m^2 \cdot \pi}{2 \cdot \_\_ \cdot \pi} \cdot \underbrace{2 \cdot \_\_ \cdot \_\_}_{\text{Kreisbogen}}$$

Nach dem Kürzen ergibt sich die Formel:

Flächeninhalt des Kegelmantels **$A_M = m \cdot r \cdot \pi$**

Oberflächeninhalt des Kegels **$O = r^2 \cdot \pi + m \cdot r \cdot \pi$**

(Grundkreis: $r^2 \cdot \pi$; Mantel: $m \cdot r \cdot \pi$)

bzw. **$O = r \cdot \pi \cdot (r + \_\_)$**

Aufgaben

(65) Berechne die Oberfläche O eines Kegels mit dem Grundkreisradius r = 4 cm und der Mantellinie m = 10 cm.

(66) Von einem Kegel ist die Grundfläche mit $G = 78{,}5\ cm^2$ und die Höhe mit h = 12 cm gegeben.

a) Berechne den Grundkreisradius r (mit $\pi = 3{,}14$).

b) Berechne die Mantellinie m.
(Zeichne zunächst in Figur 110 die jetzt bekannten Strecken h und r mit Farbe ein; dann erkennst du, daß sich s mit Hilfe des Satzes von PYTHAGORAS berechnen läßt.)

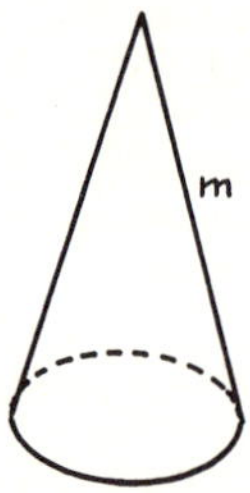

Figur 110

c) Berechne die Mantelfläche des Kegels.

Kegeloberfläche Volumen

Pyramiden- und Kegelvolumen

Die Formel für die Volumenberechnung von Pyramiden soll hier nicht hergeleitet und bewiesen, sondern nur verständlich gemacht werden.
Stelle dir ein Prisma und eine Pyramide vor, die gleiche Grundflächen und gleiche Höhen haben.

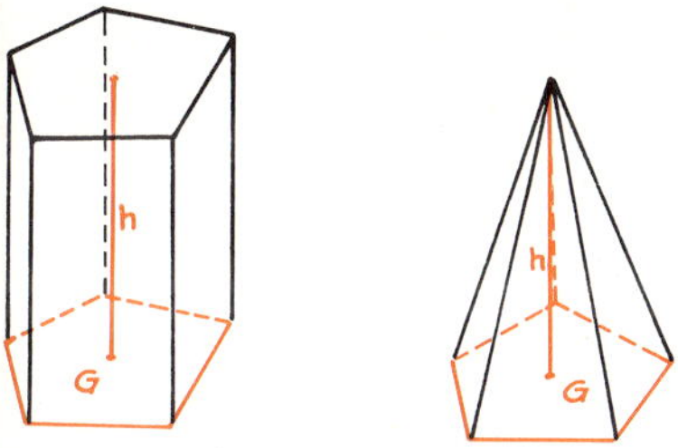

Figur 111 a

Wenn die Pyramide ein mit Wasser gefülltes Gefäß ist, kann man sie genau dreimal in das oben offene Prisma leeren, bis dieses gefüllt ist.

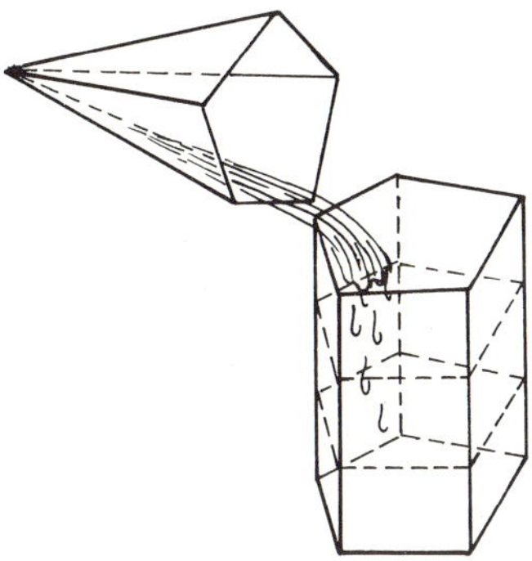

Figur 111 b

Das bedeutet, daß das Volumen des Prismas dreimal so groß ist, wie das Volumen der Pyramide – bei inhaltsgleichen Grundflächen und gleichen Körperhöhen; beziehungsweise, das Volumen der Pyramide beträgt $\frac{1}{3}$ vom Volumen des Prismas.

$$\mathbf{V_{Pyramide} = \frac{1}{3} \cdot G \cdot h}$$

Da diese Formel wieder aussagt, daß alle Pyramiden mit gleicher Höhe und inhaltsgleichen Grundflächen dasselbe Volumen besitzen, läßt sich damit auch die Volumenformel für Kegel schreiben.

$$\mathbf{V_{Kegel} = \frac{1}{3} \cdot r^2 \cdot \pi \cdot h}$$

Beachte

Falls es dir schwerfällt, die Schrägbilder von Prismen und Pyramiden zu zeichnen, findest du eine systematische Erklärung im Band ML 38 Seite 99ff. Da in der Schule in diesem Zusammenhang aber meist nur Skizzen verlangt werden, kannst du die Schrägbilddarstellung auch üben, indem du die folgenden Körper jeweils nachzeichnest. Dabei beginnst du mit der Grundfläche *) und wählst dann als Pyramidenspitze einen Punkt S „über" der Mitte der Grundfläche. Wenn du jeden Eckpunkt der Grundfläche mit der Spitze verbindest und die verdeckten Kanten gestrichelt zeichnest, entsteht der Körper.

*) Hierbei wird z. B. eine rechteckige Grundfläche im Schrägbild zu einem Parallelogramm.

Körperberechnungen
Pyramiden

- Bei den Berechnungen der Mantelflächen von Pyramiden im nächsten Beispiel und den folgenden Aufgaben stimmt die Körperhöhe nicht mit den Dreieckshöhen der Seitenflächen überein.

Beispiel

Von einer Pyramide mit rechteckiger Grundfläche sind die Rechtecksseite a = 8 cm und b = 6 cm, sowie die Körperhöhe h = 12 cm gegeben.

a) Zeichne die gegebenen Stücke mit Farbe in die Figur 112a ein.

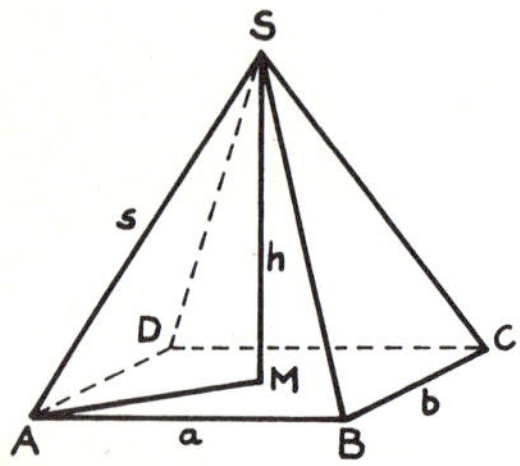

Figur 112a

b) Berechne das Volumen der Pyramide.

$V = \frac{1}{3} G \cdot h$ ⇒ V = ______ cm^3

c) Berechne die Länge der Seitenkanten s.

- Die Länge der Seitenkante s läßt sich durch das ______winklige Dreieck AMS berechnen.

➧ Schraffiere in Figur 112a das Dreieck AMS.

- Im Dreieck AMS liegt der rechte Winkel bei ___; daher ist s *Hypotenuse/ Kathete*.

- [AM] ist die halbe Diagonale im Rechteck ABCD; zeichne in der Planfigur 112b die Strecke [AM] ein und berechne ihre Länge.

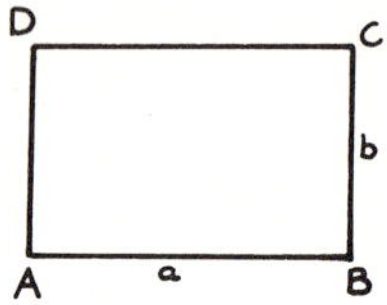

Figur 112b

$\overline{AM}$ = __________

s^2 = __________

s = ______ cm

d) Berechne die Fläche des Dreiecks ABS. In Figur 112c ist das △ ABS als Planfigur gezeichnet.

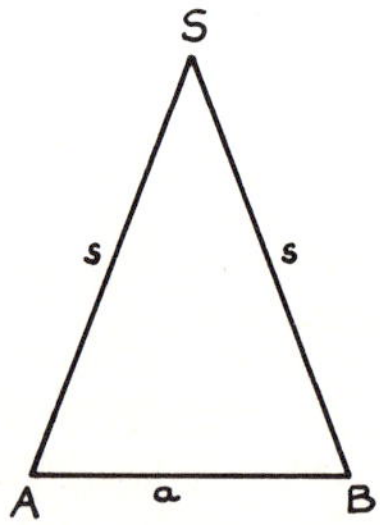

Figur 112c

➧ Zeichne die Dreieckshöhe h_a ein.

- Berechne zunächst die Dreieckshöhe h_a und damit den Flächeninhalt des △ ABS.

h_a = ______ cm

$A_{\triangle ABS}$ = __________

e) Berechne die Fläche des Dreiecks BCS. In Figur 112d ist das △ BCS als Planfigur gezeichnet.

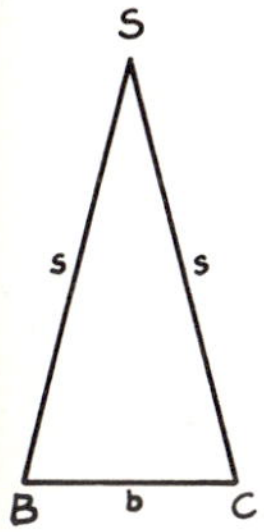

Figur 112d

➧ Zeichne die Dreieckshöhe h_b ein.

- Berechne die Dreieckshöhe h_b und den Flächeninhalt des △ BCS.

h_b = ______ cm

$A_{\triangle BCS}$ = ____________

f) Berechne die Oberfläche der Pyramide.

- Für den Flächeninhalt des Mantels M der Pyramide gilt:

M = ____ · $A_{\triangle ABS}$ + ____ · $A_{\triangle BCS}$ =

= ______ cm² + ______ cm² =

= ______ cm²

- Für den Oberflächeninhalt der Pyramide gilt:

0 = ____ + M =

= ______ cm² + ______ cm² =

= ______ cm²

Hinweis: Die Dreieckshöhen der Mantelflächen lassen sich auch ohne Berechnung der Seitenkante berechnen. In den beiden Figuren 112e und 112f sind die sogenannten Stützdreiecke der Mantelflächen eingezeichnet.

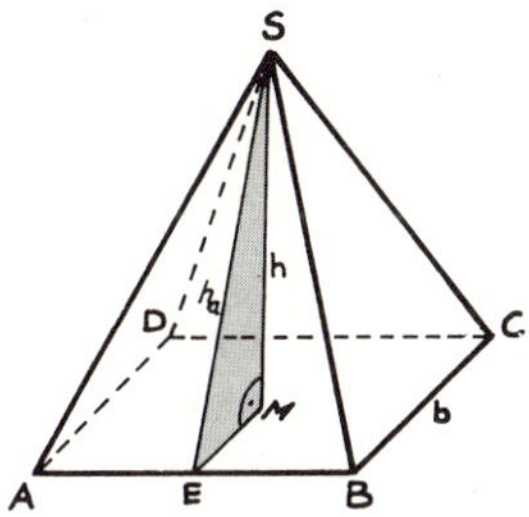

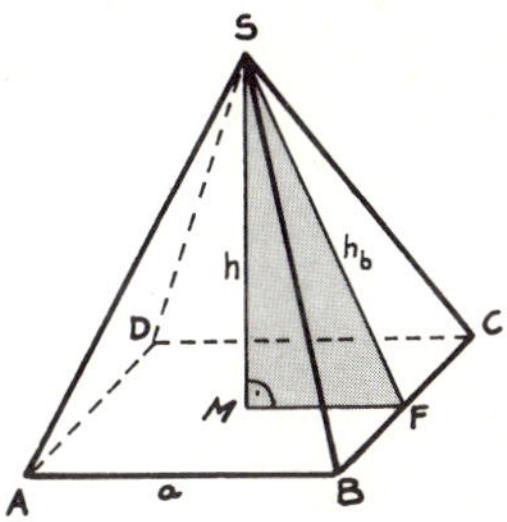

Figur 112e/f

- Die Dreieckshöhe h_a ist *Hypotenuse/Kathete* im △ EMS.

- Mit $\overline{EM} = \frac{b}{2}$ = ____ cm gilt:

$h_a = \sqrt{\overline{EM}^2 + \overline{MS}^2}$ =

= $\sqrt{\text{\_\_\_\_\_\_ cm}^2 + \text{\_\_\_\_\_\_ cm}^2}$ =

= ______ cm

- Die Dreieckshöhe h_b ist *Hypotenuse/Kathete* im △ FMS.

- Mit $\overline{MF} = \frac{\_\_\_}{2}$ = ____ cm gilt:

$h_b = \sqrt{\overline{MF}^2 + \_\_\_^2}$ =

= $\sqrt{\text{\_\_\_\_\_\_ cm}^2 + \text{\_\_\_\_\_\_ cm}^2}$ =

= ______ cm

Körperberechnungen
Pyramiden

Aufgaben

(67) Von einer Pyramide mit quadratischer Grundfläche sei die Grundkante $a = 12\,\text{cm}$ und die Körperhöhe $h = 8\,\text{cm}$ gegeben.

a) Zeichne in Figur 113 die gegebenen Strecken mit Farbe, sowie die Höhe h_a im Seitendreieck mit gestrichelter Linie ein.

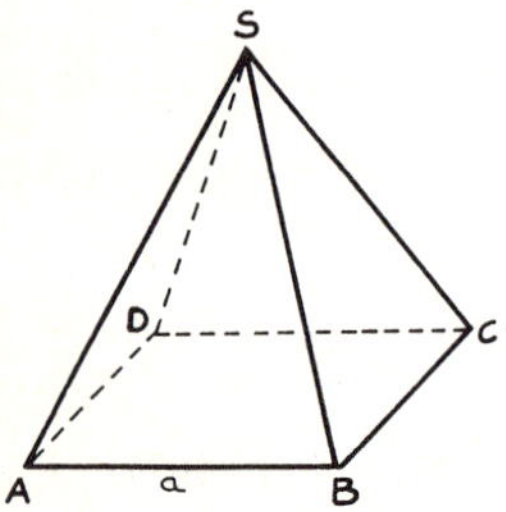

Figur 113

b) Berechne die Höhe h_a der Seitendreiecke.

c) Berechne den Flächeninhalt A eines Seitendreiecks.

d) Berechne den Inhalt der Mantelfläche A_M der Pyramide.

e) Berechne das Volumen der Pyramide.

f) Berechne die Länge der Seitenkanten s.

(68) Von einer Pyramide mit einem regulären Sechseck als Grundfläche sind die Grundkante $a = 5\,\text{cm}$ und die Seitenkante $s = 9\,\text{cm}$ gegeben.

a) Zeichne in Figur 114 die gesuchte Körperhöhe h, sowie die Dreieckshöhe h_a im △ BCS ein.

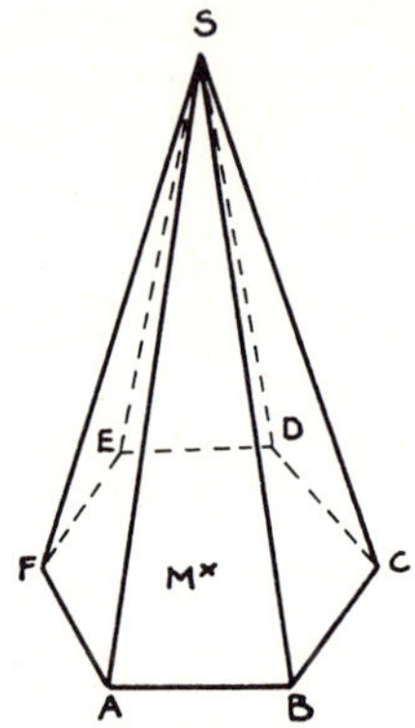

Figur 114

b) Berechne die Länge der Körperhöhe.

(**Hinweis:** Verbinde z. B. M und B, dann läßt sich h im △ MBS als Kathete berechnen.)

c) Berechne den Oberflächeninhalt der Pyramide.

d) Berechne das Volumen der Pyramide.

(69) Von einer Pyramide, die ein gleichseitiges Dreieck als Grundfläche hat, ist bekannt, daß die Grundkante $a = 5\,\text{cm}$ ist, und daß die drei Seitenkanten der Pyramide jeweils $s = 8\,\text{cm}$ sind.

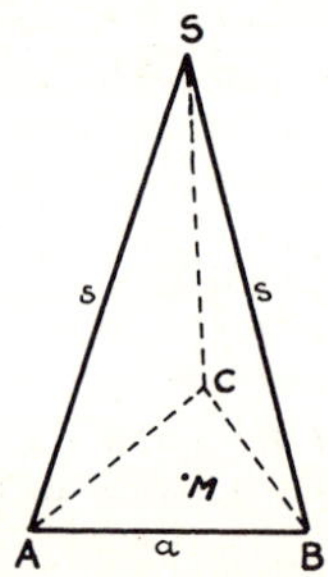

Figur 115a

Sechseckpyramide

a) Zeichne in die Figur 115a die Körperhöhe $h = [SM]$ ein und verbinde mit einer gestrichelten Linie ihren Fußpunkt M mit A.

b) Die Länge der Körperhöhe h läßt sich mit folgenden Überlegungen berechnen:

- Die Körperhöhe h ist *Kathete/Hypotenuse* im △ AMS mit dem rechten Winkel bei ___.

Um die Länge der gestrichelten Strecke $\overline{AM}$ zu erhalten, ist das Grundflächendreieck ABC in Figur 115b nochmal als Planfigur gezeichnet.

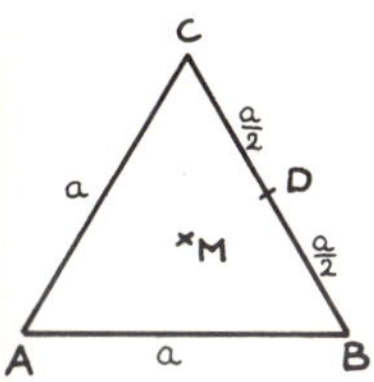

Figur 115b

- Da alle Seitenkanten der Pyramide gleich lang sind, muß M der Umkreismittelpunkt des △ ABC sein.
- Beim gleichseitigen Dreieck fällt der Umkreismittelpunkt mit dem Schwerpunkt zusammen und die Mittelsenkrechten mit den Schwerlinien und den Dreieckshöhen.

➧ Zeichne in Figur 115b von A aus mit gestrichelter Linie die Mittelsenkrechte bzw. die Höhe zur gegenüberliegenden Seite ein.

- Da M auch Schwerpunkt ist, wissen wir, daß M die Dreieckshöhe [AD] im Verhältnis 2 : 1 teilt.
- Die Länge der Dreieckshöhe $\overline{AD}$ können wir nach der Formel von Seite 54 berechnen:

$$h_a = \sqrt{3} \cdot \frac{a}{2}$$

$\Rightarrow \overline{AD} = h_a = \sqrt{3} \cdot \frac{\_\_\_}{2} = \_\_\_\_\_\_$ cm

- $\overline{AM} = \frac{2}{3}\,\overline{AD} \Rightarrow \overline{AM} = \frac{2}{3} \cdot \_\_\_\_\_\_$ cm $=$

$= \_\_\_\_\_\_$ cm

- $h^2 = s^2 - \overline{AM}^2$

$\Rightarrow h^2 = \_\_\_\_\_\ cm^2 - \_\_\_\_\_\ cm^2 = \_\_\_\_\_\ cm^2$

$\Rightarrow h = \_\_\_\_\_$ cm

c) Berechne den Flächeninhalt des Grundflächendreiecks.

d) Berechne das Volumen der Pyramide.

e) Berechne schrittweise den Flächeninhalt des Mantels.

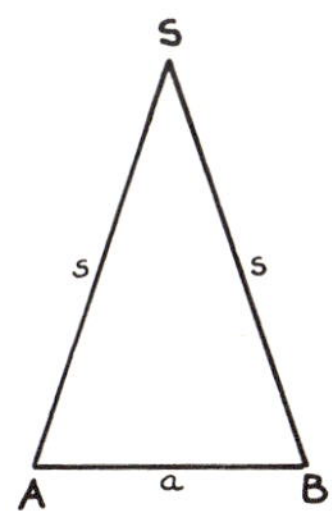

Figur 115c

In der Planfigur 115c ist eines der gleichschenkligen Seitendreiecke gezeichnet.

➧ Zeichne in Figur 115c die Dreieckshöhe h_M zur Grundlinie a ein und berechne ihre Länge:

$h_M = \_\_\_\_\_\_\_\_$

Körperberechnungen
Tetraeder, Oktaeder

- Berechne damit den Flächeninhalt eines Seitendreiecks:

  $A_{\triangle ABS}$ = ________

- Für den Flächeninhalt des Mantels gilt damit:

  M = ___ $\cdot A_{\triangle ABS}$ = ______ cm^2

Definitionen

- Eine Pyramide mit gleichseitigen Dreiecken als Grund- und Seitenflächen heißt **Tetraeder** *).

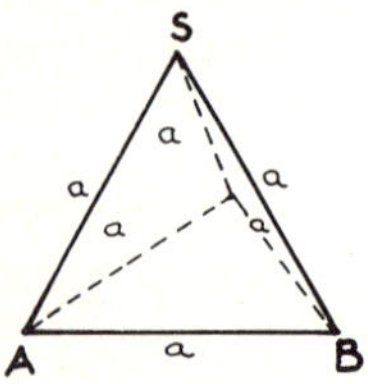

Figur 116

- Eine „Doppelpyramide" mit jeweils gleichseitigen Dreiecken als Seitenflächen heißt **Oktaeder** **).

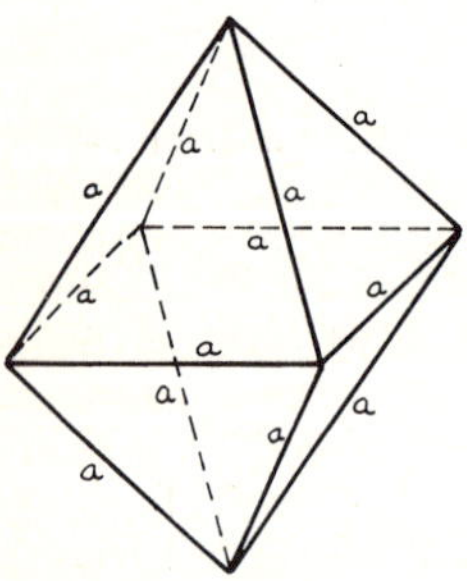

Figur 117

*) Vierflach, aus dem Griechischen, tetra = 4.
**) Achtflach, aus dem Griechischen, octa = 8.

Aufgaben

(70) Gegeben sei ein Tetraeder mit der Kantenlänge a = 5 cm. (Betrachte Figur 116 als Planfigur.)

a) Berechne die Länge der Körperhöhe h mit den Überlegungen der Aufgabe (69).

- Im Dreieck AMS ist h *Hypotenuse/ Kathete*.

b) Berechne mit den Überlegungen der Aufgabe (69) die Oberfläche des Tetraeders.

c) Berechne das Volumen des Tetraeders.

(71) Gegeben sei ein Oktaeder mit der Kantenlänge a = 5 cm.

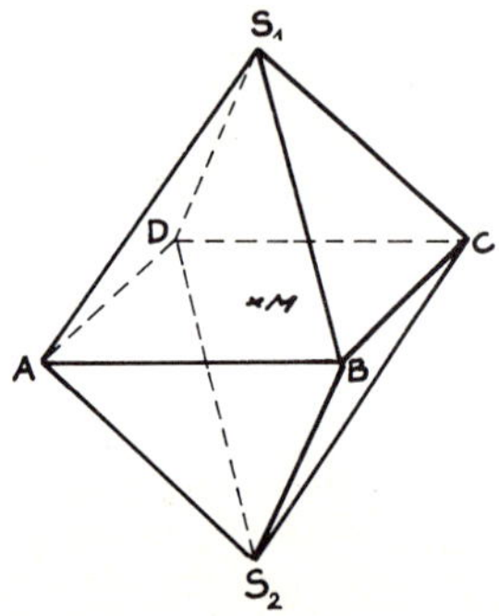

Figur 118

a) Zeichne in Figur 118 die Diagonalen des Quadrates ABCD ein und verbinde die beiden Spitzen des Oktaeders.

b) Berechne mit Hilfe der Formel von Seite 53 die Länge der halben Diagonale im Quadrat ABCD.

c) Berechne die halbe Körperhöhe.

d) Berechne das Volumen des Tetraeders.

e) Berechne mit den Überlegungen von Aufgabe (69) die Oberfläche des Tetraeders.

Ergänzungskegel
Ergänzungspyramide

Pyramidenstumpf / Kegelstumpf

Definitionen

- Wenn man von einer Pyramide bzw. einem Kegel – parallel zur Grundfläche – den „oberen Teil abschneidet", entsteht ein **Pyramidenstumpf** bzw. ein **Kegelstumpf.**

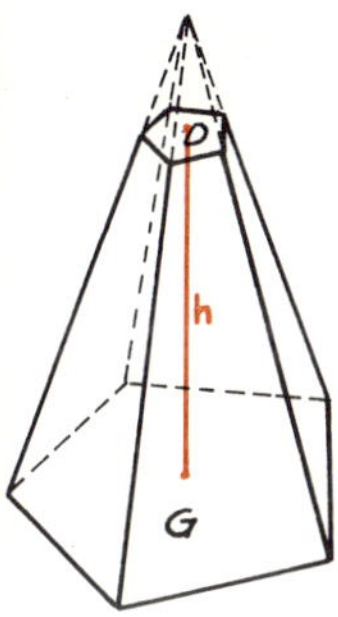

Figur 119

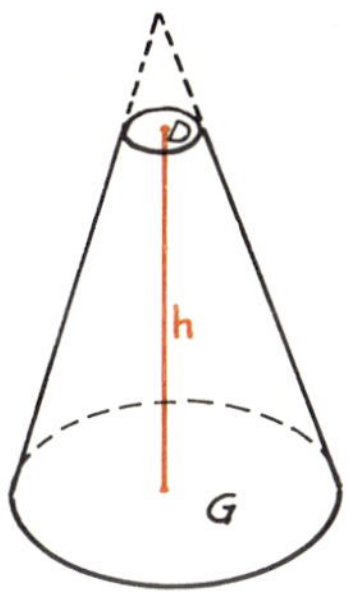

Figur 120

- Der Abstand der parallelen Grund- und Deckfläche heißt **Höhe** des Pyramiden- bzw. Kegelstumpfes.
- Die abgeschnittene Pyramide heißt **Ergänzungspyramide.**
- Der abgeschnittene Kegel heißt **Ergänzungskegel.**

Eigenschaften

- Bei jedem Pyramidenstumpf sind Grund- und Deckflächen ähnliche Vielecke.
- Bei jedem Pyramidenstumpf besteht die Mantelfläche aus __________ .

- Wenn wir das **Volumen** eines Pyramiden- bzw. Kegelstumpfes berechnen wollen, brauchen wir zunächst die Höhe x der Ergänzungspyramide bzw. des Ergänzungskegels.

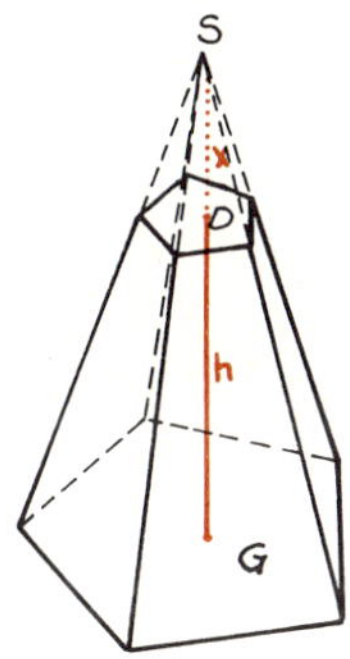

Figur 121

Die Herleitung der Volumenformel werden wir für den Pyramidenstumpf durchführen und anschließend auf den Kegelstumpf übertragen.
Falls dich die Formelherleitung nicht interessiert, und du für die Schule nur die Anwendung der Formel brauchst, kannst du auf Seite 91 weitermachen – dort findest du die fertige Formel.

- Das Volumen des Pyramidenstumpfes ergibt sich als __________ der Volumina der „ganzen Pyramide" und der Ergänzungspyramide.

I $$V_{Pyrst.} = \underbrace{\tfrac{1}{3} \cdot G \cdot (h+x)}_{\text{„ganze Pyramide"}} \quad \underset{\text{minus}}{-} \quad \underbrace{\tfrac{1}{3} \cdot D \cdot x}_{\text{Ergänzungspyramide}}$$

Da bei den Angaben eines Pyramidenstumpfes die Höhe der Ergänzungspyramide

Körperberechnungen
Pyramidenstumpf/Kegelstumpf

fehlt, müssen wir versuchen, die Größe x in der Gleichung I zu ersetzen.
Wir werden die Gesetzmäßigkeiten der zentrischen Streckung aus Kapitel 1 auf diesen Fall übertragen und versuchen, die Länge x durch die Größen G, D und h auszudrücken.

I′ $V_{Pyrst.} = \frac{1}{3} \cdot G \cdot h + \frac{1}{3} \cdot G \cdot x - \frac{1}{3} \cdot D \cdot x$

bzw. $V_{Pyrst.} = \frac{1}{3} \cdot G \cdot h + \frac{1}{3} \cdot x \cdot (G - D)$

- Da bei jedem Pyramidenstumpf Grund- und Deckfläche ähnliche Figuren sind, können wir sie in einander überführen durch eine zentrische Streckung, bei der das Zentrum im Punkt ______ liegt.

Den Streckungsfaktor k der zentrischen Streckung, die vom Zentrum S aus die Deck- in die Grundfläche überführt, können wir durch das Verhältnis der Höhen der ganzen Pyramide und der Ergänzungspyramide ausdrücken (vergleiche Figur 121).

- Für den positiven Streckungsfaktor k gilt:

$$\frac{x + h}{\underline{\quad}} = k$$

- Für das Flächenverhältnis gilt (vergleiche Seite 13):

$$\frac{G}{D} = k^2$$

bzw. $\sqrt{\frac{G}{D}} = k$ (da $k > 0$)

- Wenn wir die linken Seiten der beiden Gleichungen für k gleichsetzen, ergibt sich die Verhältnisgleichung:

II $\frac{x + h}{x} = \sqrt{\frac{G}{H}}$

Diese Gleichung II werden wir nach x auflösen und in die Gleichung I einsetzen:

II $\frac{x + h}{x} = \frac{\sqrt{G}}{\sqrt{D}}$ $\quad | \cdot x \cdot \sqrt{D}$

$\Rightarrow \quad (x + h) \cdot \underline{\quad} = x \cdot \sqrt{G}$

$\Rightarrow x \cdot \underline{\quad} + h \cdot \underline{\quad} = x \cdot \sqrt{G}$ $\quad |$ ordnen

$\Rightarrow \quad h \cdot \underline{\quad} = x \cdot \sqrt{G} - x \cdot \underline{\quad}$

$\Rightarrow \quad h \cdot \underline{\quad} = x \cdot (\sqrt{G} - \underline{\quad})$ $\quad | : (\sqrt{G} - \underline{\quad})$

$\Rightarrow \quad \frac{h \cdot \underline{\quad}}{(\sqrt{G} - \underline{\quad})} = x$

Pyramidenstumpfvolumen

Wenn wir diesen Term für x in die umformte Gleichung I′ einsetzen, ergibt sich:

$$V_{Pyrst.} = \frac{1}{3} \cdot G \cdot h + \frac{1}{3} \cdot \frac{h \cdot \_\_\_}{(\sqrt{G} - \_\_\_)} \cdot (G - D)\ ^{*)}$$

$$\Rightarrow V_{Pyrst.} = \frac{1}{3} \cdot G \cdot h + \frac{1}{3} \cdot h \cdot \_\_\_ (\sqrt{G} + \sqrt{D})$$

$$\Rightarrow V_{Pyrst.} = \frac{1}{3} \cdot G \cdot h + \frac{1}{3} \cdot h \cdot \sqrt{D} \cdot \sqrt{G} + \frac{1}{3} \cdot h \cdot D$$

Nach dem Ausklammern ergibt sich als Volumenformel für den Pyramidenstumpf:

$$\mathbf{V_{Pyrst.} = \frac{1}{3} \cdot h \cdot (G + \sqrt{G \cdot D} + D)}$$

Beispiel

Von einem Pyramidenstumpf mit quadratischer Grund- und Deckfläche sind die Grundflächenseite g = 10 cm, die Deckflächenseite d = 6 cm und die Höhe h = 12 cm gegeben.

a) Berechne mit Hilfe der Formel das Volumen des Pyramidenstumpfes.
$V_{Pyrst.}$ = ________ cm^3

b) Berechne die Höhe x der zugehörigen Ergänzungspyramide.

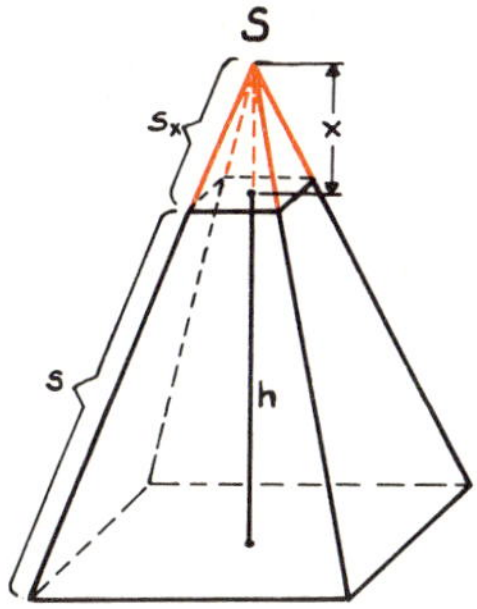

Figur 122a

Mit Hilfe des 2. Strahlensatzes von Seite 24 ergibt sich die Verhältnisgleichung:

$$\frac{x}{x + h} = \frac{d}{g}$$

$$\Rightarrow \frac{x}{x + 12\,cm} = \frac{6\,cm}{\_\_\_\,cm}$$

Berechne auf einem Beiblatt aus dieser Gleichung die Höhe x der Ergänzungspyramide.

x = ______ cm

c) Berechne die Länge der Seitenkanten s des Pyramidenstumpfes.

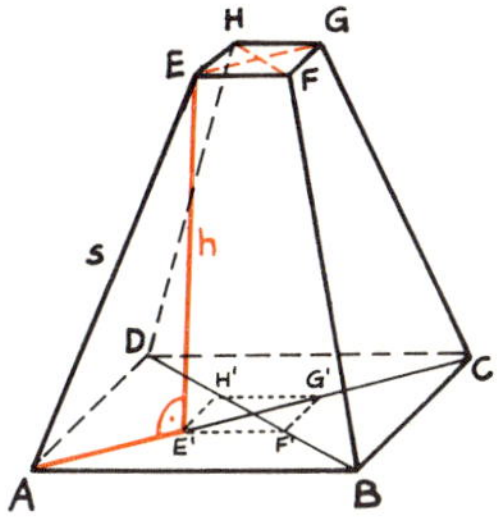

Figur 122b

In Figur 122b erkennst du s als Seite im rechtwinkligen Dreieck AE′E mit dem

*) $(G - D) = (\sqrt{G} + \sqrt{D}) \cdot (\sqrt{G} - \sqrt{D})$
III. binomische Formel

rechten Winkel bei E′. Da das Quadrat E′F′G′H′ als senkrechte Projektion kongruent zum Deckflächenquadrat ist, läßt sich die Länge der Strecke $\overline{AE'}$ berechnen.

- $\overline{AC}$ ist Diagonale im Grundflächenquadrat und berechnet sich nach der Formel von Seite 53:

  $\overline{AC}$ = ___ · 10 cm = ______ cm

- $\overline{EG}$ bzw. $\overline{E'G'}$ ist Diagonale im Deckflächenquadrat:

  $\overline{E'G'}$ = ___ · 6 cm = ______ cm

- $\overline{AE'}$ ist die ____________ der Differenz von $\overline{AC}$ und $\overline{E'G'}$.

  $\overline{AE'} = \frac{1}{2} \cdot$ (______ cm – ______ cm) =

  = ______ cm

- Nun läßt sich die Länge der Seitenkante s als *Hypotenuse*/*Kathete* im rechtwinkligen Dreieck AE′E berechnen:

  $s = \sqrt{\overline{AE'}^2 + h^2}$ =

  = $\sqrt{\_\_\_ \text{ cm}^2 + \_\_\_\_\_\_ \text{ cm}^2}$ =

  = ______ cm

d) Berechne die Mantelfläche des Pyramidenstumpfes.

- Die Mantelfläche besteht aus vier kongruenten ____________.

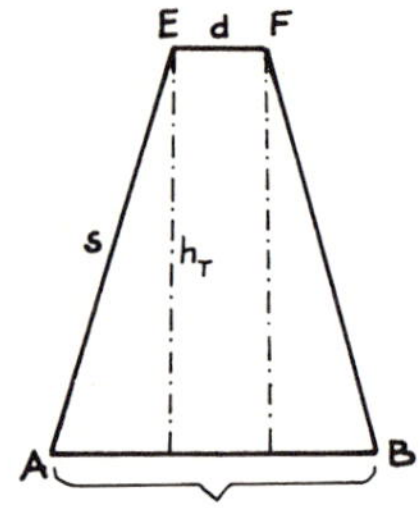

Figur 122c

- Berechne zunächst auf einem Beiblatt die Trapezhöhe h_T als Kathete im linken bzw. rechten Teildreieck von Figur 122c:

  h_T = ______ cm

- Mit der Trapezflächenformel

  $$A_T = \frac{g + d}{2} \cdot h_T$$

  ergibt sich:

  $A_T = \frac{\_\_\_ \text{ cm} + \_\_\_ \text{ cm}}{2} \cdot$ ______ cm =

  = ______ cm²

⇒ A_{Mantel} = ___ · A_T = ______ cm²

e) Berechne nun noch die Längen der Seitenkanten s_x der Ergänzungspyramide (vergleiche Figur 122a). Hierfür gibt es verschiedene Möglichkeiten; da wir die anderen Strecken bereits alle kennen, bietet sich als einfachste Methode der erste Strahlensatz an (vergleiche Seite 22).

$$\frac{s_x}{s} = \frac{x}{\_\_\_} \quad | \cdot s$$

$$\Rightarrow s_x = \frac{x}{\_\_\_} \cdot s$$

$$\Rightarrow s_x = \frac{\_\_\_ \text{ cm}}{\_\_\_ \text{ cm}} \cdot \_\_\_\_ \text{ cm} = \_\_\_\_ \text{ cm}$$

Aufgabe

(72) Die Höhe eines geraden quadratischen Pyramidenstumpfes beträgt 12 cm. Die Grundfläche ist um 105 cm² größer als die Deckfläche, die Grundkante ist 5 cm länger als die Deckkante.

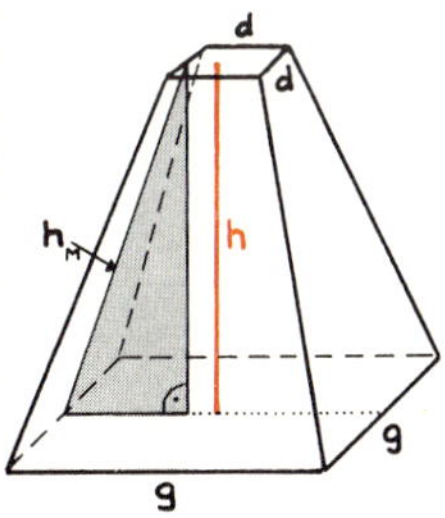

Figur 123

a) Berechne die Längen der Grund- und Deckkante g und d.

b) Berechne das Volumen des Pyramidenstumpfes.

c) Berechne die Mantelfläche des Pyramidenstumpfes.

Kegelstumpfvolumen

Mit den beiden Radien r_G und r_D für Grund- und Deckkreis lautet die Volumenformel für den Kegelstumpf:

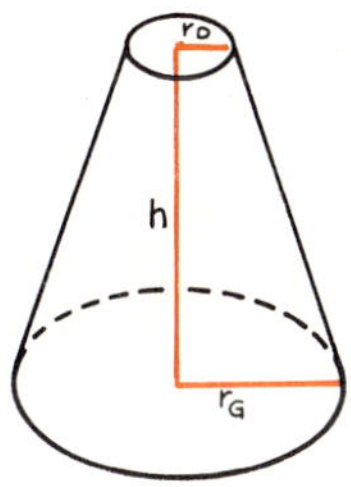

Figur 124

$$V_{Kegelst.} = \frac{1}{3} \cdot h \cdot (r_G^2 \cdot \pi + \sqrt{r_G^2 \cdot \pi \cdot r_D^2 \cdot \pi} + r_D^2 \cdot \pi)$$

bzw. $$\mathbf{V_{Kegelst.} = \frac{1}{3} \cdot h\pi \cdot (r_G^2 + r_G \cdot r_D + r_D^2)}$$

Beispiel

Von einem Kegelstumpf sind der Grundkreisradius $r_G = 11$ cm, der Deckkreisradius $r_D = 5$ cm und die Höhe $h = 4$ cm gegeben.

a) Berechne mit Hilfe der Formel das Volumen des Kegelstumpfes.

Körperberechnungen
Kegelstumpfmantel

b) Berechne die Höhe x des zugehörigen Ergänzungskegels.

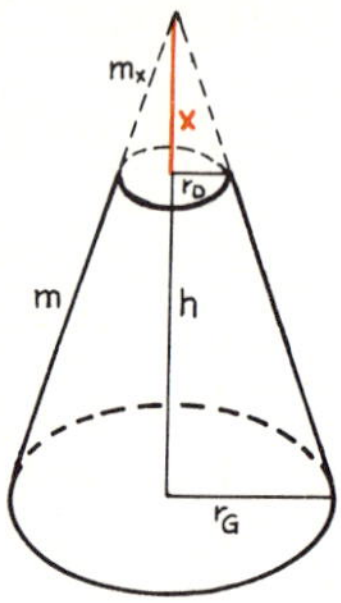

Figur 125a

- Ergänze die Strahlensatzgleichung und berechne auf einem Beiblatt die Länge x:

$$\frac{x}{\_\_\_ + \_\_\_} = \frac{r_D}{r_G}$$

$\Rightarrow \quad x \quad = \_\_\_\_\_\_$ cm

c) Berechne die Länge der Mantellinie m des Kegelstumpfes.
Überlege, wie lang die Strecke y in Figur 125b ist und berechne damit m.

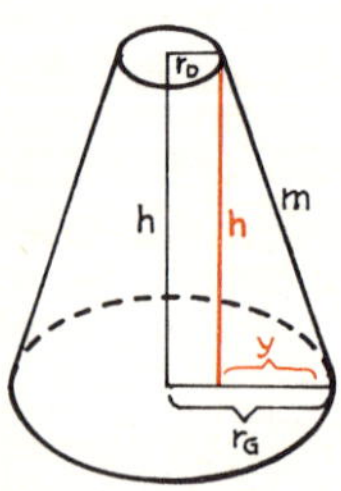

Figur 125b

d) Berechne auf einem Beiblatt die Länge der Mantellinie m_x des Ergänzungskegels (vergleiche Figur 125a).

$$\frac{m_x}{m} = \frac{x}{\_\_\_}$$

$\Rightarrow m_x = \_\_\_\_\_\_$ cm.

e) Berechne mit Hilfe der Planfigur 125c und der Formel auf Seite 82 die Mantelfläche des Kegelstumpfes.

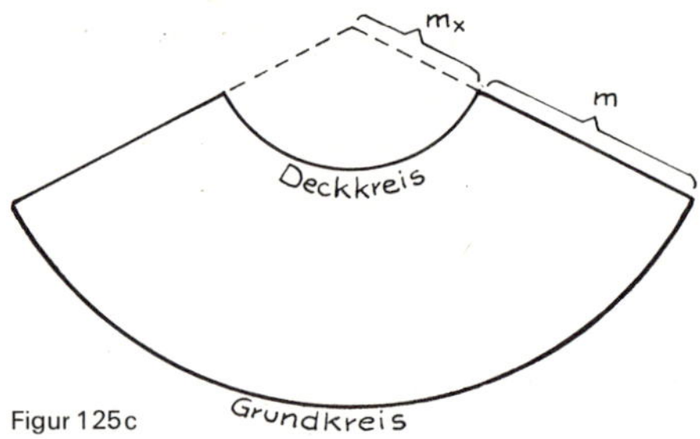

Figur 125c

$$M = (m_x + m) \cdot r_G \cdot \pi - m_x \cdot \_\_\_ \cdot \pi$$

$\Rightarrow M = \_\_\_\_\_\_ \text{ cm}^2$

Hinweis: Wenn man in der Formel für die Mantelfläche

$$M = (m_x + m) \cdot r_G \cdot \pi - m_x \cdot r_D \cdot \pi$$

die Mantellinie m_x des Ergänzungskegels eliminiert (vergleiche Punkt d) des letzten Beispiels), ergibt sich eine einfache Formel für den Flächeninhalt eines **Kegelstumpfmantels**:

$$\mathbf{M_{Kegelst.} = (r_G + r_D) \cdot m \cdot \pi}$$

Löse mit dieser Formel noch einmal die Teilaufgabe e) des letzten Beispiels und vergleiche deine Ergebnisse:

$M_{Kegelst.} = (11 \text{ cm} + \_\_\_ \text{ cm}) \cdot \_\_\_ \text{ cm} \cdot \pi =$

$= \_\_\_\_\_\_ \text{ cm}^2$

Rotationskörper
Drehkörper

Aufgabe

(73) Von einem Kegelstumpf ist die Mantellinie m = 10 cm, der Deckflächenradius r_D = 2 cm und die Höhe h = 8 cm gegeben. Zeichne und berechne auf einem Beiblatt.

a) Fertige (als Figur 126) eine Skizze des Kegelstumpfes mit zugehörigem Ergänzungskegel an und trage dort alle verwendeten Bezeichnungen ein.

b) Berechne den Grundflächenradius.

c) Berechne das Volumen des Kegelstumpfes.

d) Berechne den Flächeninhalt des Kegelstumpfmantels.

e) Berechne die Höhe x des Ergänzungskegels.

f) Berechne das Volumen des Ergänzungskegels.

g) Das Volumen des Ergänzungskegels beträgt ______ % des Kegelstumpfvolumens.

Rotationskörper

An die Aufgabenstellung in diesem letzten Abschnitt wirst du dich erst gewöhnen müssen. Denn die Körper sind jetzt nicht mit ihrem „Namen" und ihren Bestimmungsgrößen vorgegeben, sondern die Körper entstehen erst durch **Rotation** (Drehung) eines Dreiecks oder Vierecks um eine Rotationsachse. Es wird bei den Aufgaben zunächst darum gehen, daß du dir eine räumliche Vorstellung von den Körpern machst und diese mit Worten beschreibst. In Figur 127 sind sieben Körper gezeichnet, die jeweils eine Nummer tragen. Identifiziere bei den folgenden Beispielen und Aufgaben die Rotationskörper mit einer Nummer von Figur 127.

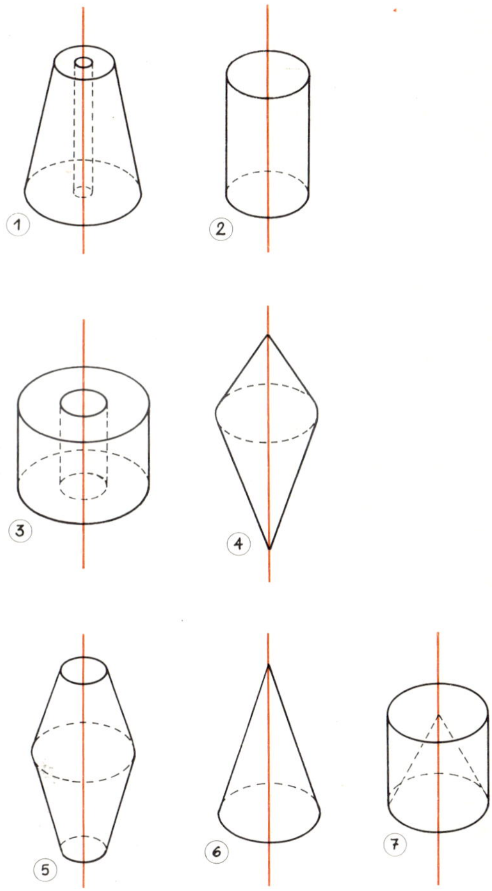

Figur 127

Körperberechnungen
Zylinder

1. Beispiel

Gegeben sind die vier Punkte A (0/1), B (2/1), C (2/6) und D (0/6).

➧ Zeichne das Rechteck ABCD in das Koordinatensystem der Figur 128.

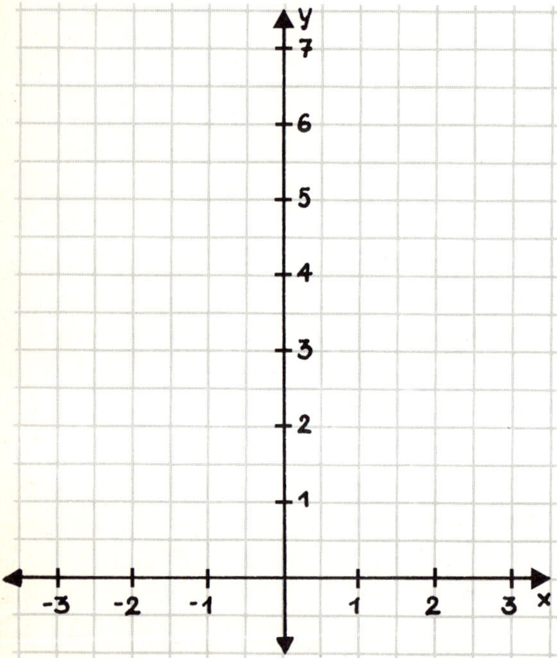

Figur 128

- Wenn das Rechteck ABCD um die y-Achse rotiert, entsteht der gesuchte Körper.

➧ Spiegle die Punkte B und C an der y-Achse und verbinde diese Spiegelpunkte B′ und C′ mit A und D zu einem Rechteck auf der „linken" Seite der y-Achse.

- Der Rotationskörper entspricht dem Körper Nummer ___ aus Figur 127.

➧ Zeichne in Figur 128 noch die Grund- und Deckfläche ein, damit du den Körper erkennst.

- Der Körper ist ein ____________.

a) Lies die Länge des Grundflächenradius ab und berechne den Flächeninhalt der Grundfläche:

   r = ___ LE *); G = ______ FE **)

b) Lies die Länge der Körperhöhe ab und berechne den Oberflächeninhalt des Körpers:

   h = ___ LE; 0 = ______ FE

c) Berechne das Volumen des Körpers:

   V = ______ RE ***)

2. Beispiel

Gegeben sind die drei Punkte A (0/1), B (3/1) und C (0/8).

➧ Zeichne das Dreieck ABC in das Koordinatensystem von Figur 129.

- Wenn das Dreieck ABC um die y-Achse rotiert, entsteht der gesuchte Körper.

➧ Spiegle den Punkt B an der y-Achse und verbinde diesen Spiegelpunkt B′ mit A und C.

---

*) LE steht wieder für Längeneinheit.
**) FE steht wieder für Flächeneinheit.
***) RE steht wieder für Raumeinheit.

Kegel
Doppelkegel

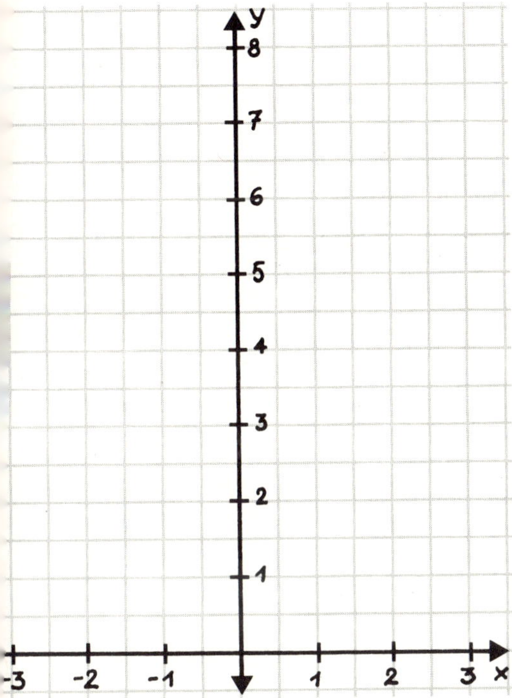

Figur 129

- Der Rotationskörper entspricht dem Körper Nummer ___ aus Figur 127.
- ➧ Zeichne in Figur 129 noch die Grundfläche ein, damit du den Körper erkennst.
- Der Körper ist ein ____________.

a) Lies die Länge des Grundflächenradius r ab und berechne den Flächeninhalt der Grundfläche.

b) Lies die Länge der Körperhöhe ab und berechne die Länge der Mantellinie und den Oberflächeninhalt des Körpers.

c) Berechne das Volumen des Körpers.

3. Beispiel

Gegeben sind die Punkte A (0/0,5), B (6/5) und C (0/13).

➧ Zeichne das Dreieck ABC in das Koordinatensystem von Figur 130.

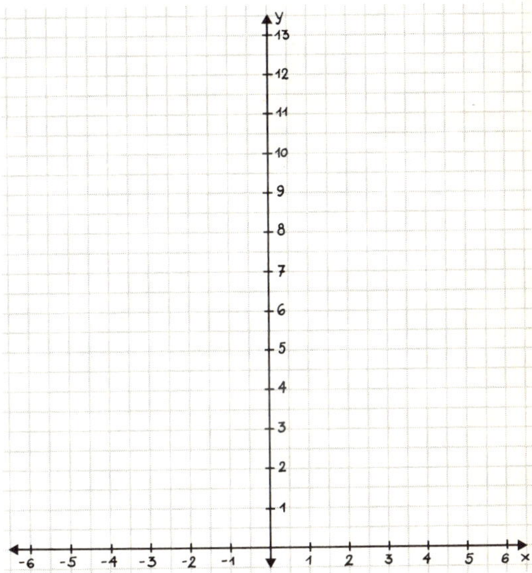

Figur 130

- Wenn das Dreieck ABC um die y-Achse rotiert, entsteht der gesuchte Körper.
- ➧ Spiegle den Punkt B an der y-Achse und verbinde diesen Spiegelpunkt B′ mit A und C.
- Der Rotationskörper entspricht dem Körper Nummer ___ aus Figur 127.
- ➧ Verbinde in Figur 130 noch die Punkte B und B′, damit du den Körper besser erkennst.

Körperberechnungen
Rotationskörper

- Beschreibe den Körper mit Worten:
Der Rotationskörper besteht aus zwei ____________, die mit ihren kongruenten _________flächen aneinanderstoßen *).

a) Beweise, daß das Dreieck ABC rechtwinklig ist.

$\overline{AC}$ = ______ LE; $\overline{AC}^2$ = ______ FE;

$\overline{AB}$ = ______ LE; $\overline{AB}^2$ = ______ FE;

$\overline{BC}$ = ______ LE; $\overline{BC}^2$ = ______ FE;

$\overline{AB}^2 + \overline{BC}^2$ = ______ FE.

Da der Satz des PYTHAGORAS erfüllt ist ($\overline{AC}^2 = \overline{AB}^2 + \overline{BC}^2$), ist das $\triangle$ ABC rechtwinklig.

b) Lies die Länge des gemeinsamen Grundkreisradius r ab und berechne den Flächeninhalt der gemeinsamen Grundfläche G.

c) Berechne den Flächeninhalt des Mantels M_I von Kegel B′BC.

d) Berechne den Flächeninhalt des Mantels M_{II} von Kegel BB′A.

e) Damit ergibt sich für den Oberflächeninhalt des Doppelkegels.

f) Berechne das Volumen des Doppelkegels.

4. Beispiel

Gegeben sind die Punkte A (1/1), B (5/1), C (2/5) und D (1/5).

➧ Zeichne das Trapez ABCD in das Koordinatensystem von Figur 131.

*) Solche Körper nennt man **Doppelkegel**.

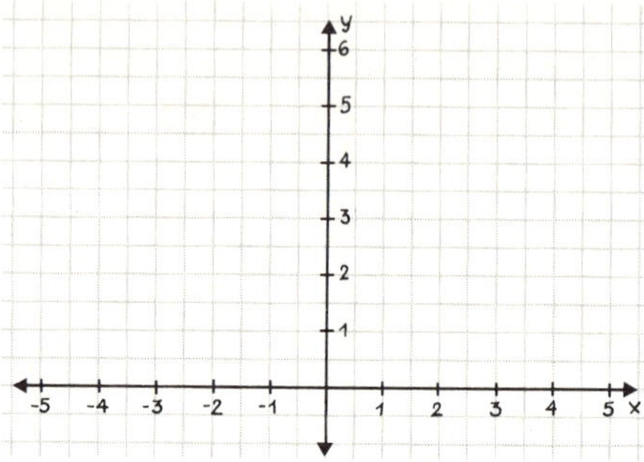

Figur 131

- Wenn das Trapez ABCD um die y-Achse rotiert, entsteht der gesuchte Körper *).

➧ Spiegle das Trapez ABCD an der y-Achse und verbinde die Spiegelpunkte zum Trapez A′B′C′D′.

- Der Rotationskörper entspricht dem Körper Nummer ___ aus Figur 127.

➧ Zeichne in Figur 131 noch die Ergänzungslinien der Grund- und Deckfläche, damit du den Körper besser erkennst.

- Beschreibe den Körper mit Worten:
Der Rotationskörper ist ein ________________, bei dem längs der Rotationsachse ein ____________ ausgebohrt ist.

a) Lies die Länge des Grundflächenradius r_G des Kegelstumpfes ab und berechne den Flächeninhalt des vollständigen Grundflächenkreises:

$r_{GKst.}$ = ___ LE; $A_{GKst.}$ = ______ FE.

*) Die Vorstellung ist in diesem Fall vielleicht etwas schwierig, da keine Verbindung zur y-Achse besteht.

b) Lies die Länge des Deckflächenradius r_D des Kegelstumpfes ab und berechne den Flächeninhalt des vollständigen Deckflächenkreises:

$r_{DKst.}$ = ___ LE; $A_{DKst.}$ = ______ FE.

c) Berechne die Länge der Mantellinie des Kegelstumpfes und den Flächeninhalt des Mantels:

$m_{Kst.}$ = ___ LE; $M_{Kst.}$ = ______ FE.

d) Lies die Länge des Grund- bzw. Deckflächenradius r_{GZ} des Zylinders ab und berechne den Flächeninhalt des Grundflächenkreises:

r_{GZ} = ___ LE; A_{GZ} = ______ FE.

e) Lies die Länge der Mantellinie m_Z des Zylinders ab und berechne den Flächeninhalt des Zylindermantels:

m_Z = ___ LE; M_Z = ______ FE.

f) Berechne die Oberfläche *) des Rotationskörpers:

O = ______ FE.

g) Berechne das Volumen des vollständigen Kegelstumpfes:

$V_{Kst.}$ = ______ RE.

h) Berechne das Volumen des Zylinders:

V_Z = ______ RE.

i) Damit ergibt sich das Volumen des Rotationskörpers:

V = ______ RE.

*) Überlege, welche Flächen du mit „Rostschutzfarbe" bestreichen müßtest, falls der Körper aus Metall wäre.

Mit diesen vier Beispielen hast du wichtige Grundtypen von Rotationskörpern kennengelernt. Der erste Schritt, damit du dir den Körper vorstellen kannst, besteht immer darin, daß du die gegebene Figur an der Rotationsachse spiegelst. Wenn du in dieser achsensymmetrischen Figur noch die – immer kreisförmigen – Grund- und Deckflächen andeutest, gelingt es dir sicher, den Körper zu beschreiben.

Versuche die Aufgaben selbständig zu lösen und vergleiche deinen Lösungsweg mit dem Vorschlag des Lösungsheftes.

Aufgaben

(74) Gegeben sind die Punkte A (2/1), B (5/1), C (5/3) und D (2/3).

a) Zeichne die Punkte in das Koordinatensystem von Figur 132 und skizziere den Körper, der entsteht, wenn das Rechteck ABCD um die y-Achse rotiert.

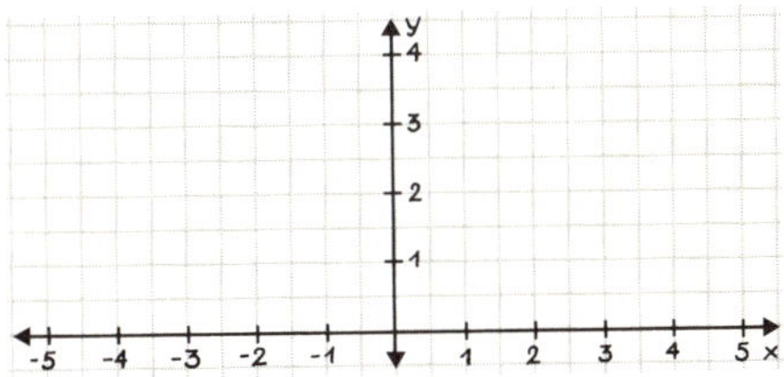

Figur 132

b) Beschreibe den Rotationskörper mit Worten.

c) Berechne die Oberfläche des Rotationskörpers.

d) Berechne das Volumen des Rotationskörpers.

Körperberechnungen
Rotationskörper

(75) Gegeben sind die Punkte A (0/1), B (2/1), C (5/5), D (2/9) und E (0/9).

a) Markiere die Punkte im Koordinatensystem von Figur 133 und skizziere den Körper, der entsteht, wenn das Fünfeck ABCDE um die y-Achse rotiert.

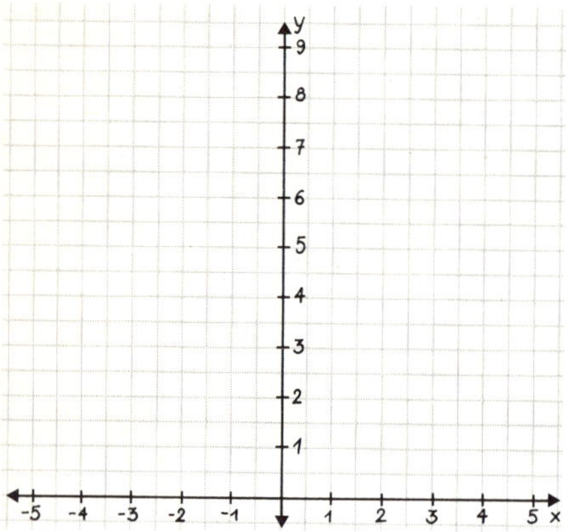

Figur 133

b) Beschreibe den Rotationskörper mit Worten.

c) Berechne die Oberfläche des Rotationskörpers.

d) Berechne das Volumen des Rotationskörpers.

(76) Gegeben sind die Punkte A (0/5), B (3/1) und C (3/5).

a) Markiere die Punkte im Koordinatensystem von Figur 134 und skizziere den Körper, der entsteht, wenn das Dreieck ABC um die y-Achse rotiert.

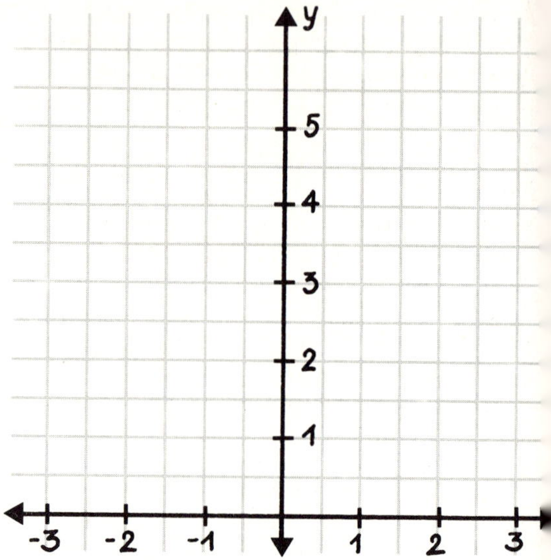

Figur 134

b) Beschreibe den Rotationskörper mit Worten.

c) Berechne die Oberfläche des Rotationskörpers.

d) Berechne das Volumen des Rotationskörpers.

Kugelvolumen

Kugel

Abschließend wollen wir uns mit der Kugel beschäftigen.
Die Formel für das Volumen und den Oberflächeninhalt veranschaulichen wir uns durch Näherungsbetrachtungen.
Um die Gestalt einer Kugel zu beschreiben, greifen wir auf das Prinzip der Rotationskörper zurück. Wenn ein Halbkreis um seinen Durchmesser rotiert, entsteht eine Kugel.

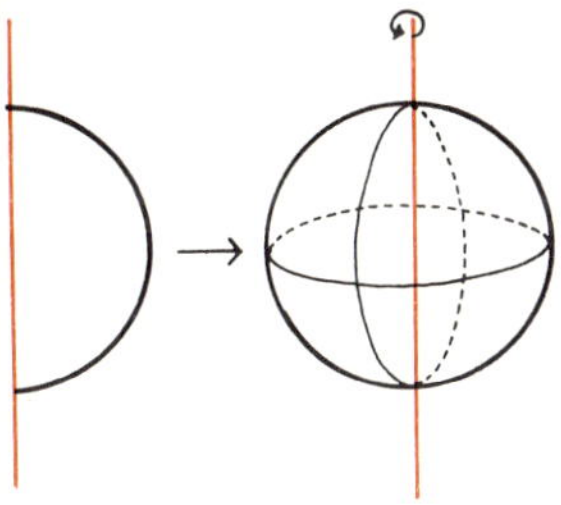

Figur 135

Volumen

Um das Volumen einer Kugel abzuschätzen, vergleichen wir es mit dem eines Zylinders.

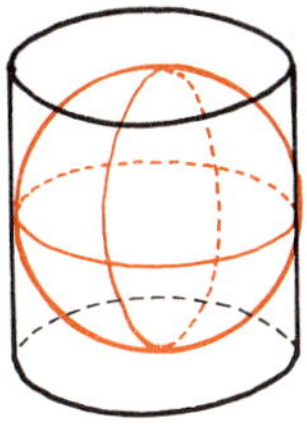

Figur 136

In Figur 136 ist die Kugel in einen Zylinder so einbeschrieben, daß die Kugel die Begrenzungsflächen des Zylinders von innen berührt. Sicher ist das Volumen des Zylinders größer, als das Volumen der einbeschriebenen Kugel. Vergleiche die beiden Volumina von Zylinder und Kugel und schätze ab, welcher Bruchteil des Zylindervolumens von der Kugel eingenommen wird. Unterstreiche die Formel, die du für möglich hälst, und streiche die beiden anderen Formeln durch:

$V_{Kugel} = \frac{1}{3} \cdot V_{Zyl}$	$V_{Kugel} = \frac{1}{2} \cdot V_{Zyl}$
I	II
$V_{Kugel} = \frac{2}{3} \cdot V_{Zyl}$	
III	

Mit der Bezeichnung r in Figur 137 können wir das Volumen des Zylinders ausdrücken:

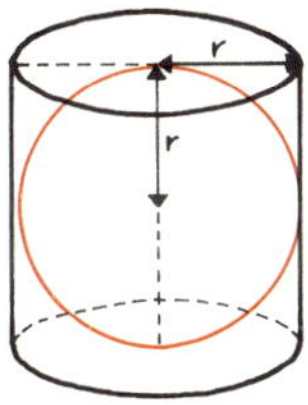

Figur 137

$V_{Zyl.} = G \cdot h = r^2 \cdot \pi \cdot \_\_\_ \cdot \_\_\_$

Wenn wir dieses Zylindervolumen in die Formel III *) einsetzen, ergibt sich:

$$V_{Kugel} = \frac{2}{3} \cdot r^2 \cdot \pi \cdot 2 \cdot r$$

bzw. $\mathbf{V_{Kugel} = \frac{4}{3} \cdot r^3 \cdot \pi}$ **)

---

*) Konntest du dir klarmachen, daß die einbeschreibene Kugel etwa $\frac{2}{3}$ des Zylindervolumens einnimmt?

**) Beachte, daß diese Formel für das Kugelvolumen zwar korrekt ist, aber daß wir sie nicht bewiesen, sondern nur durch Abschätzen erhalten haben.

Körperberechnungen
Kugeloberfläche

1. Beispiel

Berechne das Volumen einer Kugel mit dem Radius r = 2 cm.

$V_{Kugel} = \frac{4}{3} \cdot (\_\_\_\_\_)^3 \cdot \pi =$

$= \_\_\_\_\_ \text{ cm}^3$

2. Beispiel

Berechne den Radius einer Kugel mit dem Volumen $V = 113{,}04 \text{ cm}^3$ (mit $\pi = 3{,}14$).

$$V = \frac{4}{3} \cdot r^3 \cdot \pi$$

$\Rightarrow \quad r^3 = \frac{V \cdot \frac{\_\_}{\_\_}}{\pi \cdot \frac{}{\_\_}} = \_\_\_ \text{ cm}^3$

$\Rightarrow \quad r = \_\_\_ \text{ cm}.$

Oberfläche
Um die Formel für den Flächeninhalt der Kugeloberfläche zu erhalten, machen wir folgendes Gedankenexperiment.

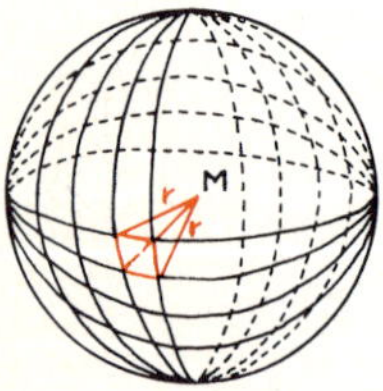

Figur 138

Wir denken uns die Kugel zusammengesetzt aus vielen Pyramiden, die sich mit ihren Spitzen alle im Kugelmittelpunkt treffen. Je mehr Pyramidenbausteine das Kugelvolumen ergeben, desto kleiner ist die Grundfläche jeder einzelnen Pyramide. Die Summe dieser Grundflächen ergibt annähernd die gesuchte Kugeloberfläche. Und je kleiner die einzelne Pyramidengrundfläche ist, desto geringer ist der Unterschied zwischen der Summe der ebenen Grundflächen und der gewölbten Kugeloberfläche.
Die Formel für das Pyramidenvolumen

$$V_{Pyr.} = \frac{1}{3} \cdot G \cdot h$$

läßt sich für die Pyramide von Figur 138 umschreiben, da die Pyramidenhöhe mit dem Kugelradius nahezu übereinstimmt:

$V_{Pyr.} = \frac{1}{3} \cdot G_{Pyr.} \cdot r.$

Wenn du diese Formel nach der Grundfläche $G_{Pyr.}$ auflöst, ergibt sich

$G_{Pyr.} = \frac{V_{Pyr.} \cdot \_\_}{r}.$

Wenn wir die Grundflächen aller Pyramiden, aus denen die Kugel zusammengesetzt ist, zusammenzählen, ergibt sich die Kugeloberfläche. Addieren wir alle Pyramidenvolumina, ergibt sich das Kugelvolumen. Damit können wir die letzte Formel auch so schreiben:

$O_{Kugel} = \frac{V_{Kugel} \cdot 3}{r}.$

Setzen wir jetzt noch die Formel für das Kugelvolumen von Seite 101 ein, ergibt sich:

$O_{Kugel} = \frac{\frac{4}{3} \cdot r^3 \cdot \pi \cdot 3}{r}$ bzw. gekürzt

$$\mathbf{O_{Kugel} = 4 \cdot r^2 \cdot \pi}$$

Halbkugel
Kugelhülle

1. Beispiel

Berechne den Oberflächeninhalt einer Kugel mit dem Radius r = 7 cm.

2. Beispiel

Berechne die (Gesamt-)Oberfläche einer Halbkugel mit dem Radius r = 7 cm.

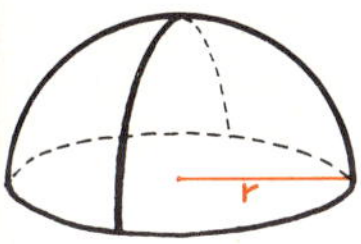

Figur 139

3. Beispiel

Berechne den Radius einer Kugel mit dem Oberflächeninhalt $O_{Kugel} = 314\ cm^2$ (mit $\pi = 3{,}14$).

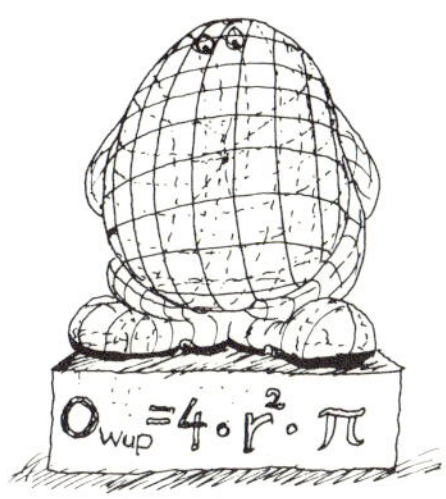

Aufgaben

(77) Ein kugelförmiger Behälter hat ein Gesamtvolumen von 5000 dm^3. Er hat eine 10 cm starke Doppelwand, die mit einer Isoliermasse ausgefüllt ist. Wieviel l Isoliermasse wurden gebraucht? *)

Lösung:

- Die ________________ der Volumina von äußerer und innerer Kugel ergibt das Volumen der Isoliermasse.

$$V_{Kugel} = \frac{4}{3} \cdot r^3 \cdot \pi$$

$$\Rightarrow \quad r_a^3 = \frac{V_{Kugel} \cdot \_\_\_}{\_\_\_ \cdot \_\_\_} =$$

$$= \frac{500\ dm^3 \cdot \_\_\_}{\_\_\_ \cdot \_\_\_} =$$

$$= \_\_\_\_\_\_\ dm^3$$

$$\Rightarrow \quad r_a = \_\_\_\_\_\ dm$$

- $r_i = r_a - \_\_\_\ dm = \_\_\_\_\_\ dm$
- $V_{K.i} = \frac{4}{3} \cdot (\_\_\_\_\_\ dm)^3 \cdot \pi =$

  $= \_\_\_\_\_\_\ dm^3$
- $V_{Isoliermasse} = \_\_\_\_\_\ dm^3 - \_\_\_\_\_\_\ dm^3 =$

  $= \_\_\_\_\_\_\ dm^3$

Es werden ________ l Isoliermasse gebraucht.

---

*) Zitiert nach: Lehrplanentwurf, Mathematik Gymnasium Kl. 10, Freie Hansestadt Bremen, 1982.

Körperberechnungen
Dichte

(78) Einem Kegel, dessen Mantellinie m genauso lang ist wie der Grundkreisdurchmesser, soll eine Kugel einbeschrieben werden.

a) Berechne das Volumen des Kegels mit $d_{Kegel} = m = 6\,cm$.

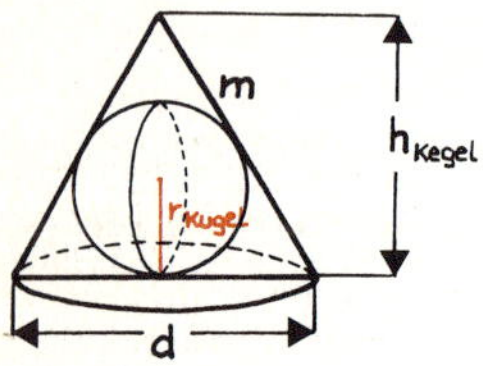

Figur 140

$V_{Kegel} = r^2 \cdot \pi \cdot h$

Für die Kegelhöhe gilt nach den Überlegungen von Seite 54:

- $h_{Kegel} = \frac{d}{2} \cdot \sqrt{\overline{\quad}} =$

  $= \frac{6\,cm}{2} \cdot \sqrt{\overline{\quad}} = \_\_\_\_\_\_ cm$

- $V_{Kegel} = \frac{1}{3} \cdot (\_\_\_ cm)^2 \cdot \pi \cdot \_\_\_\_\_\_ cm =$

  $= \_\_\_\_\_\_ cm^3$

b) Berechne das zugehörige Kugelvolumen.

Nach den Überlegungen von Seite 87 gilt:

- $r_{Kugel} = \frac{1}{3} \cdot h_{Kegel} = \frac{1}{3} \cdot \_\_\_\_\_\_ cm =$

  $= \_\_\_\_\_\_ cm.$

Damit läßt sich das Kugelvolumen berechnen:

- $V_{Kugel} = \frac{\quad}{\quad} \cdot (\_\_\_\_\_\_ cm)^3 \cdot 3{,}14 =$

  $= \_\_\_\_\_\_ cm^3$

(79) Ein Ballon von 13 m Durchmesser wird mit Helium gefüllt $\left(\text{Dichte } \varrho = 0{,}18 \frac{kg}{m^3}\right)$.
Berechne Volumen V und Masse m der Gasfüllung, sowie die Oberfläche O des Ballons. *)
Löse diese Aufgabe mit Hilfe der Formel aus der Physik **$m = \varrho \cdot V$** auf einem Beiblatt.

*) Zitiert nach: Lehrplanentwurf, Mathematik Gymnasium Kl. 10, Frei Hansestadt Bremen, 1982.

Mentor Lernhilfe
Band 44
Mathematik

Lösungsteil zu
Geometrie für die 9./10. Klasse, 1

Von Rolf Baumann

Beachte

Alle Ergebnisse und Zwischenergebnisse sind auf zwei Stellen hinter dem Komma angegeben.

Damit das Lösungsheft nicht zu dick wird, sind manche Abbildungen hier kleiner, als Du sie im Buch gezeichnet hast.

Zentrische Streckung

Seite 9

.... eine Strecke von 4 cm auf der Karte entspricht einer Entfernung von
4 cm · 20 000 = 80 000 cm = 800 m in der Wirklichkeit.

- In beiden Beispielen werden zwar die Längen verändert, aber die Winkel bleiben bei der Vergrößerung und Verkleinerung erhalten.

Seite 10

Beispiel

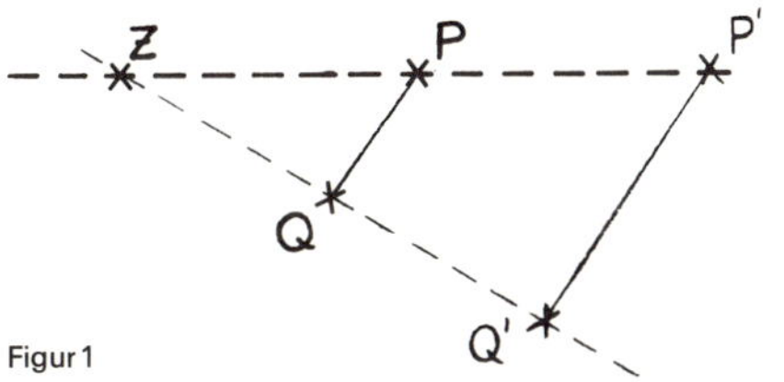

Figur 1

- Bildstrecke [P′Q′] und Urbildstrecke [PQ] verlaufen parallel zueinander.
- Die Bildstrecke $\overline{P'Q'}$ ist doppelt so lang wie die Urbildstrecke $\overline{PQ}$.

Seite 10/11/12

①, ②, ③

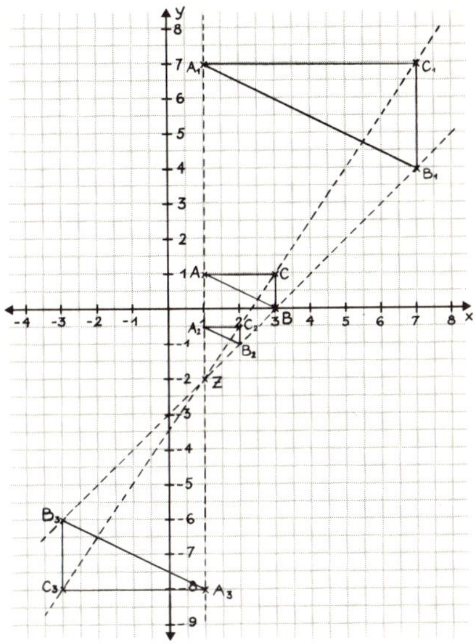

Figur 2

Seite 11

Beispiel

Figur 3

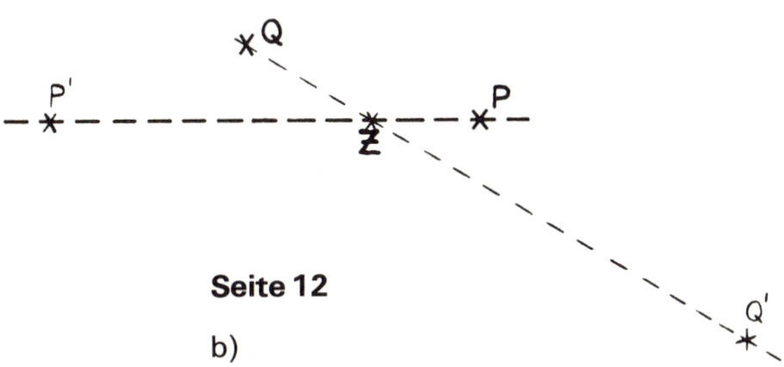

Seite 12

b)

- Stich mit dem Zirkel in Z ein, greife die Länge der Strecke $\overline{ZQ}$ ab und trage diese Länge nach der anderen Seite dreimal auf der Geraden ZQ an.

Abbildungseigenschaften

- Bildstrecke und Urbildstrecke verlaufen parallel zueinander.
- Jeder Winkel des Urbildes wird in einen kongruenten (gleich großen) Winkel abgebildet.
- **Verhältnistreue**

$$\frac{a}{b} = \frac{1\,\text{cm}}{2\,\text{cm}} = \frac{1}{2}$$

$$\frac{a_1}{b_1} = \frac{3\,\text{cm}}{6\,\text{cm}} = \frac{1}{2}$$

$$\frac{a_2}{b_2} = \frac{0{,}5\,\text{cm}}{1\,\text{cm}} = \frac{1}{2}$$

$$\frac{a_3}{b_3} = \frac{2\,\text{cm}}{4\,\text{cm}} = \frac{1}{2}$$

- Die Längen entsprechender Strecken stehen beim Urbild und bei den Bildfiguren jeweils im selben Verhältnis.
- Bei der zentrischen Streckung ist der Umlaufsinn bei der Urfigur und den Bildfiguren gleich.

Beispiel

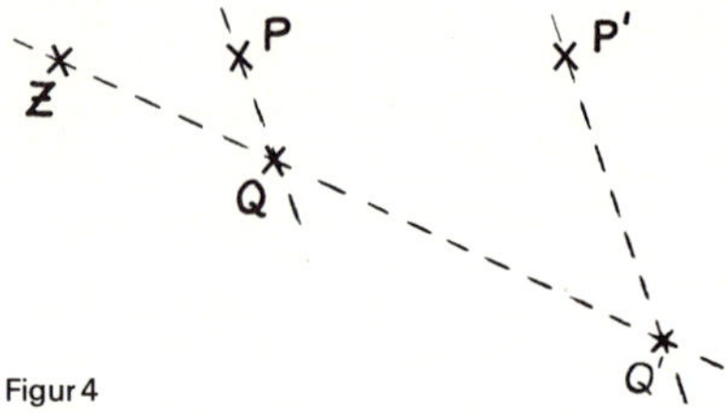

Figur 4

1. Q′ liegt auf der Geraden ZQ.
2. Da jede Bildstrecke parallel zur Urstrecke verläuft, liegt Q′ auf der Parallelen zu PQ durch den Punkt P′.

Seite 13

Urfläche: $\frac{a \cdot b}{2} = \frac{1\,\text{cm} \cdot 2\,\text{cm}}{2} = 1\,\text{cm}^2$

Fläche bei $k = 3$: $\frac{a_1 \cdot b_1}{2} = \frac{3\,\text{cm} \cdot 6\,\text{cm}}{2} = 9\,\text{cm}^2$

Fläche bei $k = \frac{1}{2}$: $\frac{a_2 \cdot b_2}{2} = \frac{0{,}5\,\text{cm} \cdot 1\,\text{cm}}{2} = \frac{1}{4}\,\text{cm}^2$

Fläche bei $k = -2$: $\frac{a_3 \cdot b_3}{2} = \frac{2\,\text{cm} \cdot 4\,\text{cm}}{2} = 4\,\text{cm}^2$

- Der Flächeninhalt der Bildfigur ist k^2-mal so groß wie der Flächeninhalt der Urfigur.

Seite 14

④ a)

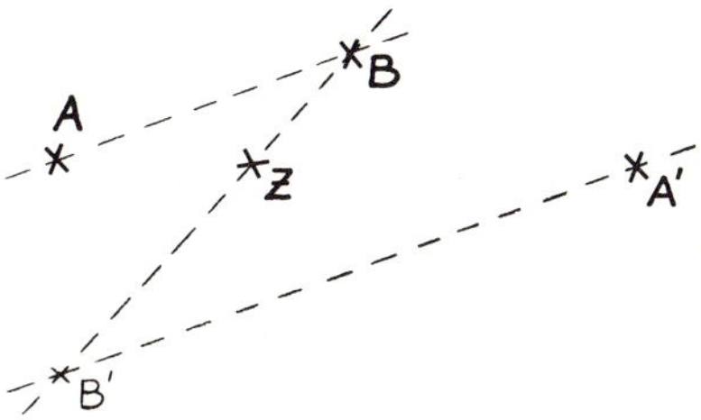

Figur 5

b) $k < 0$

⑤ a)

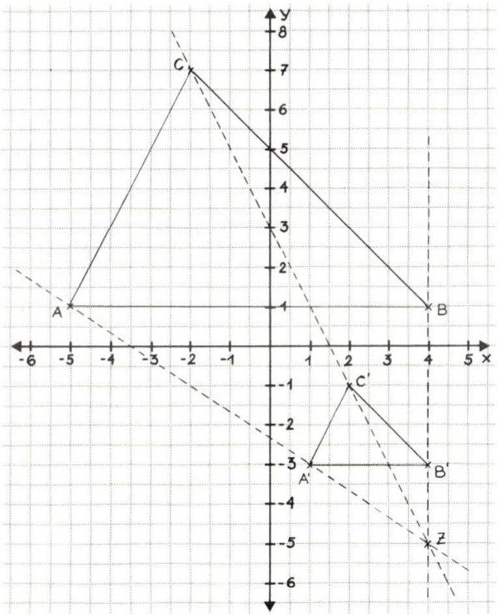

Figur 6

b) $k = \frac{1}{3}$

c) Mit $c = 9\,\text{cm}$; $h_c = 6\,\text{cm}$ gilt

$$\text{Fläche}_{\triangle ABC} = \frac{c \cdot h_c}{2} = \frac{9\,\text{cm} \cdot 6\,\text{cm}}{2} = \\ = 27\,\text{cm}^2.$$

d) $\text{Fläche}_{\triangle A'B'C'} = (\frac{1}{3})^2 \cdot \text{Fläche}_{\triangle ABC} =$
$= \frac{1}{9} \cdot 27\,\text{cm}^2 =$
$= 3\,\text{cm}^2$

Seite 15

⑥ a), b)

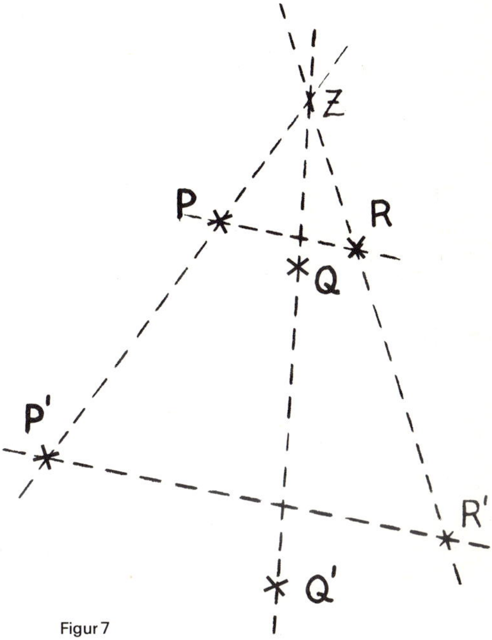

Figur 7

Hinweis:

Die Geraden PP′ und QQ′ schneiden sich im Zentrum Z.

Seite 15/16

Beispiel

a), b), c), d), e)

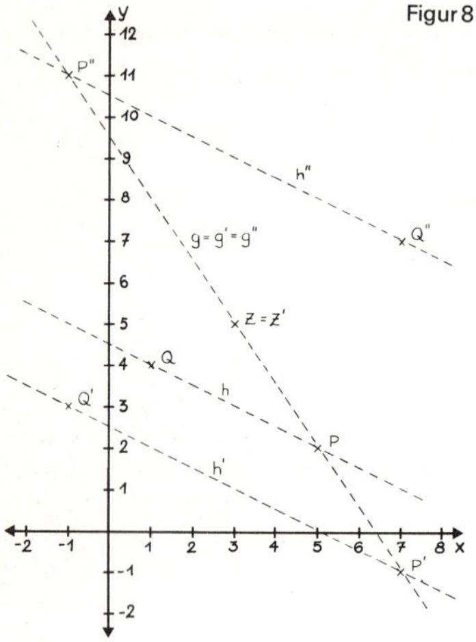

Figur 8

Folgerungen

- Es gibt keine Fixpunktgeraden.
- Alle Geraden durch das Zentrum sind Fixgeraden.

Sonderfälle

- Für $k = 1$ Identität.
- Für $k = -1$ Punktspiegelung bzw. Drehung um 180°.

Beispiel

a)

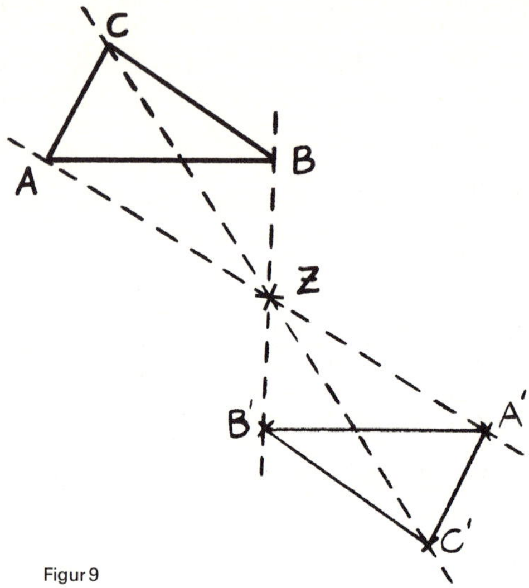

Figur 9

Seite 17

b) Bei dieser Abbildung sind Urstrecke und Bildstrecke jeweils gleich lang; daher ist diese Abbildung eine Kongruenzabbildung.

Folgerungen

	Für die Flächeninhalte gilt			Entscheide, ob Zentrum, Punkt oder Bildpunkt zwischen den jeweils anderen Punkten liegt.		
	$A > A'$	$A < A'$	$A = A'$	Z zw. P u. P'	P zw. Z u. P'	P' zw. Z u. P
$k > 1$		×			×	
$k = 1$			×			
$0 < k < 1$	×					×
$-1 < k < 0$	×			×		
$k = -1$			×	×		
$k < -1$		×		×		

Seite 18

Beispiel

a), c), e)

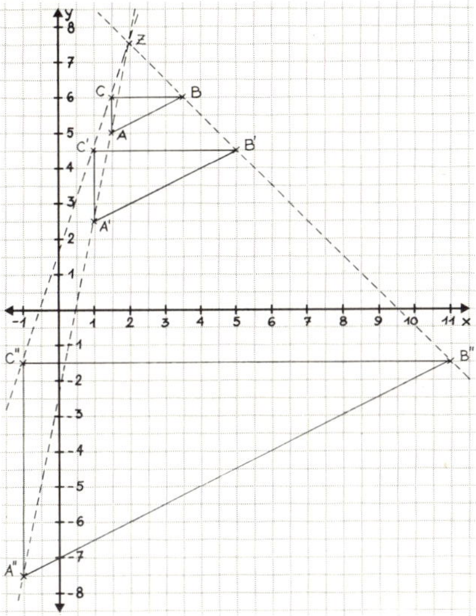

Figur 10

b) a = 2 cm, b = 1 cm,
Fläche$_{\triangle ABC}$ = 1 cm^2.

d) a′ = 4 cm, b′ = 2 cm,
Fläche$_{\triangle A'B'C'}$ = 4 cm^2.

f) a″ = 12 cm, b″ = 6 cm,
Fläche$_{\triangle A''B''C''}$ = 36 cm^2

g) $a'' = 3 \cdot a' = \underbrace{3 \cdot 2}_{} \cdot a =$
$= 6 \cdot 2\,\text{cm} =$
$= 12\,\text{cm}$

$b'' = 3 \cdot b' = \underbrace{3 \cdot 2}_{} \cdot b =$
$= 6 \cdot 1\,\text{cm} =$
$= 6\,\text{cm}$

h)

- Fläche$_{\triangle ABC}$ = 1 cm^2
- Fläche$_{\triangle A'B'C'}$ = 4 cm^2 = 4 · Fläche$_{\triangle ABC}$
- Fläche$_{\triangle A''B''C''}$ = 36 cm^2 = 9 · Fläche$_{\triangle A'B'C'}$ = = 9 · 4 · Fläche$_{\triangle ABC}$

Seite 19

Merke:

- Die Verkettung … ist wieder eine zentrische Streckung mit dem Zentrum Z.
- Der Streckungsfaktor der Verkettung … ergibt sich als Produkt von k_1 und k_2.

⑦

a), b), c), d)

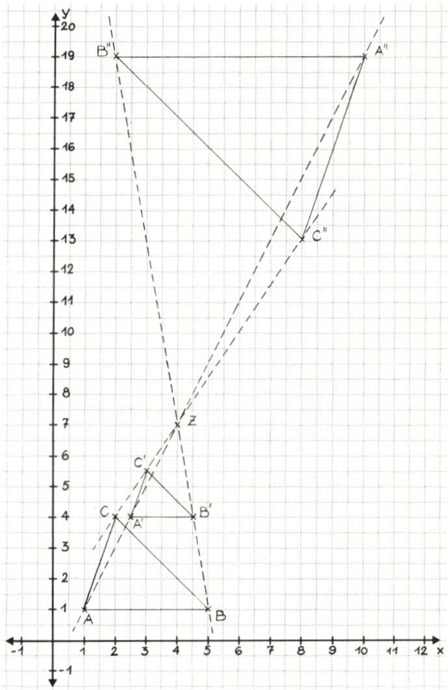

Figur 11

e) Fläche$_{\triangle ABC}$ = 6 cm^2

f) Fläche$_{\triangle A''B''C''}$ = 24 cm^2

g) Fläche$_{\triangle A''B''C''}$ $= k_1^2 \cdot k_2^2 \cdot \text{Fläche}_{\triangle ABC} =$
$= \underbrace{(\tfrac{1}{2})^2 \cdot (-4)^2}_{4} \cdot 6\,\text{cm}^2 =$
$= 4 \cdot 6\,\text{cm}^2 =$
$= 24\,\text{cm}^2$

Seite 20

Folgerung

... als Verkettung einer zentrischen Streckung mit $k_1 = |k|$ und einer Streckung mit dem Faktor $k_2 = -1$ bzw. als Verkettung einer zentrischen Streckung mit $k_1 = |k|$ und einer Punktspiegelung an Z. Für $k < 0$ gilt: $k = |k| \cdot (-1)$

Überlege

- $P \xmapsto{Z;\,k_1 = 3} P' \xmapsto{Z;\,k_2 = \frac{1}{3}} P'' = P.$
- Bildpunkt P′ liegt also weiter entfernt von Z als der Urpunkt P.
- Der zweite Bildpunkt P″ liegt also näher bei Z als der erste Bildpunkt P′; da sich die beiden Streckungen „aufheben", liegt der Punkt P″ genau auf dem Punkt P.
- Wenn eine Strecke zunächst verdreifacht wird und anschließend auf ein Drittel verkürzt wird, hat sie die gleiche Länge wie zu Beginn.

...gilt: $P'' = P$.

Folgerung

..., k_1 und k_2 sind Kehrwerte zueinander, so ergibt sich als Gesamtabbildung die Identität.

Seite 21

Zusammenfassung

- **Kongruenzabbildungen**
  – Jede Strecke und ihre zugehörige Bildstrecke sind gleich lang.
  – Jeder Winkel und sein zugehöriger Bildwinkel sind gleich groß.
- **Ähnlichkeitsabbildungen**
  – Jeder Winkel und sein Bildwinkel sind gleich groß.
  – Die Längen von je zwei Strecken stehen im selben Verhältnis wie die Längen ihrer Bildstrecken.

Ähnlichkeitssätze

- In ähnlichen Figuren sind die entsprechenden Winkel gleich groß.
- In ähnlichen Figuren stehen die Längen von je zwei entsprechenden Strecken im selben Verhältnis.

Seite 22

Strahlensätze

in Figur 13 $P \xmapsto{Z;\,k_2 < 0} P'$

$Q \xmapsto{Z;\,k_2 < 0} Q'.$

Seite 23

1. Strahlensatz

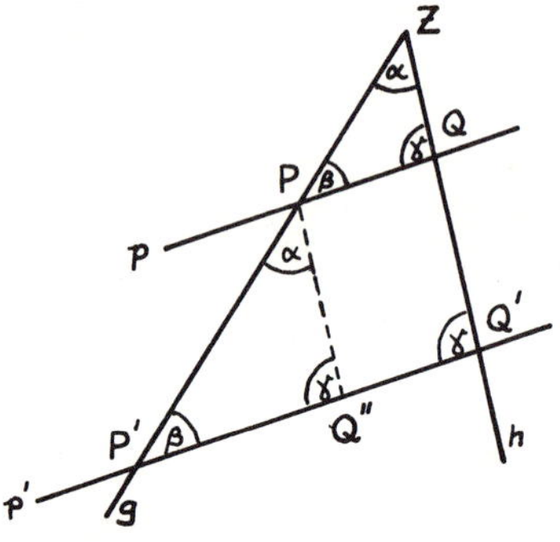

Figur 12a

Behauptung 2:

$$\frac{\overline{ZP}}{\overline{ZQ}} = \frac{\overline{PP'}}{\overline{PQ''}}$$

bzw. auch $$\overline{ZP} = \frac{\overline{PP'} \cdot \overline{ZQ}}{\overline{PQ''}}$$

und auch $$\frac{\overline{ZP}}{\overline{PP'}} = \frac{\overline{ZQ}}{\overline{PQ''}}$$

… im Parallelogramm sind zwei gegenüberliegende Seiten gleich lang.

Damit gilt: $\dfrac{\overline{ZP}}{\overline{PP'}} = \dfrac{\overline{ZQ}}{\overline{QQ'}}$

Seite 24

Behauptung 3:

$$\frac{\overline{ZP'}}{\overline{ZQ'}} = \frac{\overline{PP'}}{\overline{PQ''}}$$

bzw. auch $\overline{ZP'} = \dfrac{\overline{PP'} \cdot \overline{ZQ'}}{\overline{PQ''}}$

und auch $\dfrac{\overline{ZP'}}{\overline{PP'}} = \dfrac{\overline{ZQ'}}{\overline{PQ''}}$

Damit gilt: $\dfrac{\overline{ZP'}}{\overline{PP'}} = \dfrac{\overline{ZQ'}}{\overline{QQ'}}$

2. Strahlensatz

Behauptung 1:

$$\frac{\overline{ZP}}{\overline{PQ}} = \frac{\overline{ZP'}}{\overline{P'Q'}}$$

bzw. auch $\overline{ZP} = \dfrac{\overline{ZP'} \cdot \overline{PQ}}{\overline{P'Q'}}$

und auch $\dfrac{\overline{ZP}}{\overline{ZP'}} = \dfrac{\overline{PQ}}{\overline{P'Q'}}$

Seite 25

Streckenteilung

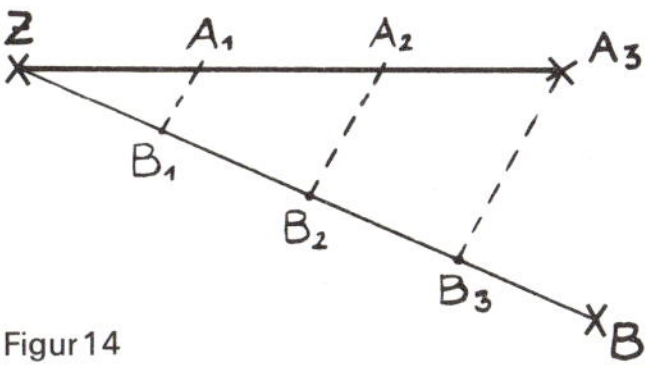

Figur 14

Begründung

Mit $\overline{ZB_1} = \overline{B_1B_2} = \overline{B_2B_3}$ gilt

auch $\overline{ZA_1} = \overline{A_1A_2} = \overline{A_2A_3}$

(1. Strahlensatz)

Seite 26

⑧

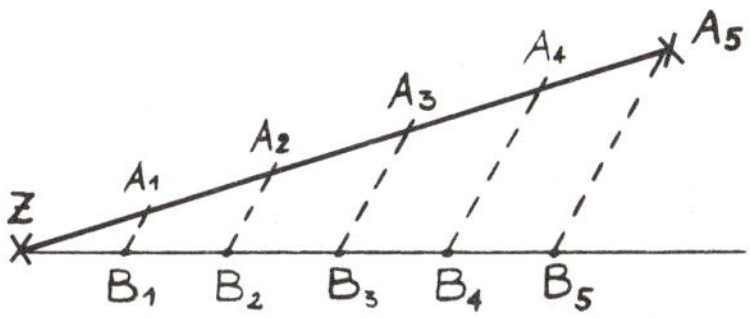

Figur 15

⑨

a), b)

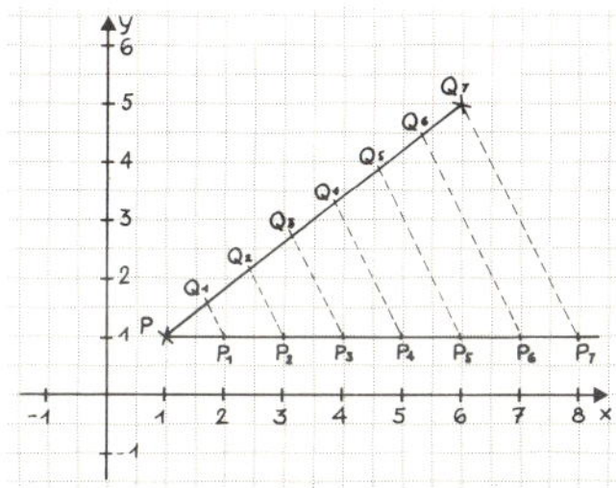

Figur 16

Seite 27

Harmonische Teilung

Beispiel

In Figur 19 gilt:

$$\frac{\overline{AT_i}}{p} = \frac{\overline{T_iB}}{q} \quad \text{bzw.}$$

$$\frac{\overline{AT_i}}{\overline{T_iB}} = \frac{p}{q}$$

als auch

$$\frac{\overline{AT_a}}{p} = \frac{\overline{T_aB}}{q} \quad \text{bzw.}$$

$$\frac{\overline{AT_a}}{\overline{T_aB}} = \frac{p}{q}$$

Seite 28

1. Beispiel

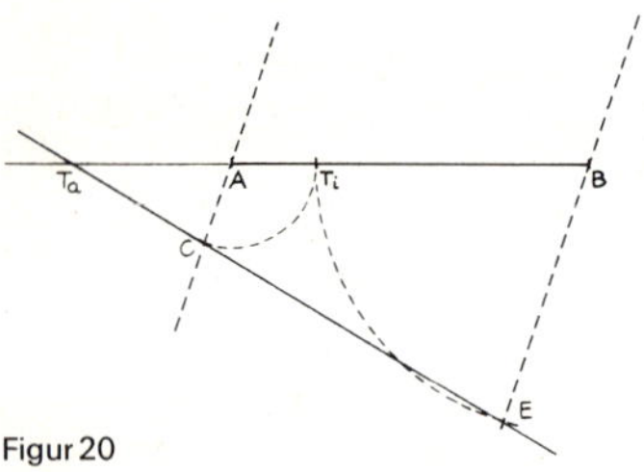

Figur 20

Seite 29

(10)

a)

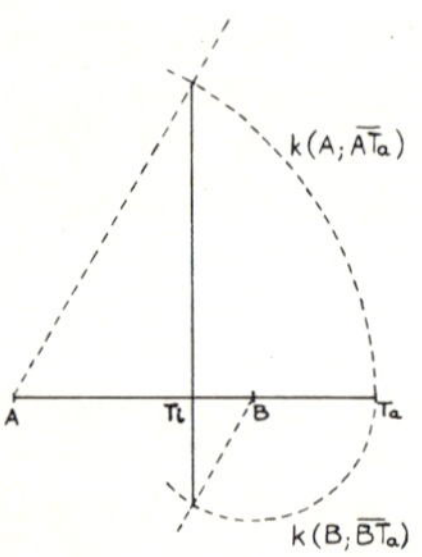

Figur 21

b) $\frac{\overline{AT_i}}{\overline{T_iB}} = \frac{3\,\text{cm}}{1\,\text{cm}} = 3$

$\frac{\overline{AT_a}}{\overline{T_aB}} = \frac{6\,\text{cm}}{2\,\text{cm}} = 3$

Seite 31

2. Beispiel

$$\frac{\overline{M_1T_i}}{\overline{T_iM_2}} = \frac{r_1}{r_2}$$

$$\frac{\overline{M_1T_a}}{\overline{T_aM_2}} = \frac{r_1}{r_2}$$

Seite 32

(11)

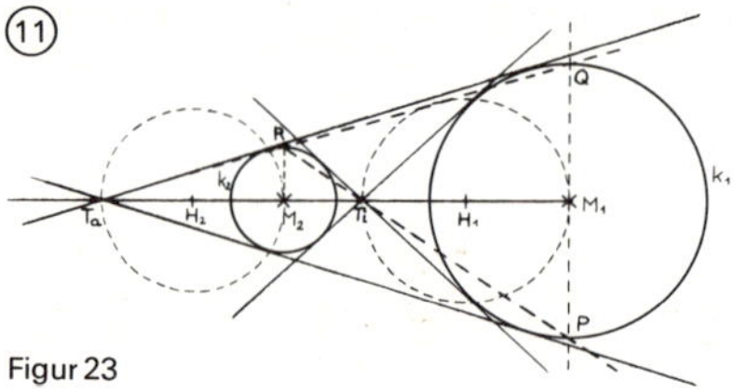

Figur 23

Seite 33

Längenberechnungen

1. Beispiel

$$\frac{H}{25\,\text{m}} = \frac{36\,\text{mm}}{50\,\text{mm}}$$

$$\Rightarrow \quad H = \frac{36 \cdot 25\,\text{m}}{50} = 18\,\text{m}$$

Der Baum ist 18 m hoch.

2. Beispiel

$$\text{I} \quad \frac{H}{45{,}6\,\text{m}} = \frac{1{,}6\,\text{m}}{2{,}4\,\text{m}}$$

(2. Strahlensatz: … die vom Geradenschnittpunkt aus gemessenen Abschnitte …)

II $\dfrac{H}{45{,}6\,m + 2{,}4\,m} = \dfrac{1{,}6\,\cancel{m}}{2{,}4\,\cancel{m}}$

$$\Rightarrow H = \frac{1{,}6 \cdot 48\,m}{2{,}4} = 32\,m$$

Der Fahnenmast ist 32 m hoch.

Seite 34

<u>3. Beispiel</u>

$$\frac{b}{24\,m} = \frac{b + 20\,m}{32\,m} \quad | \cdot 24\,m \cdot 32\,m$$

$$\Rightarrow b \cdot 32\,\cancel{m} = (b + 20\,m) \cdot 24\,\cancel{m}$$

$$\Rightarrow \quad 32\,b = 24\,b + 480\,m$$

$$\Rightarrow \quad 8\,b = 480\,m$$

$$\Rightarrow \quad b = 60\,m$$

Die Schlucht ist 60 m breit.

Seite 35

⑫

$$\frac{\overline{DA}}{490\,m} = \frac{\overline{DP_2}}{7\,cm}$$

$$\Rightarrow \quad \overline{DA} = \frac{60\,\cancel{cm} \cdot 490\,m}{7\,\cancel{cm}} = 4200\,m$$

Die Länge der Strecke $\overline{DA}$ beträgt 4200 m.

⑬

a)

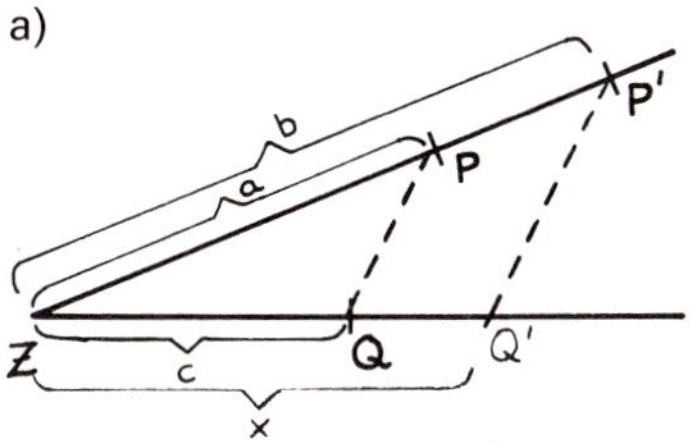

Figur 28

b)

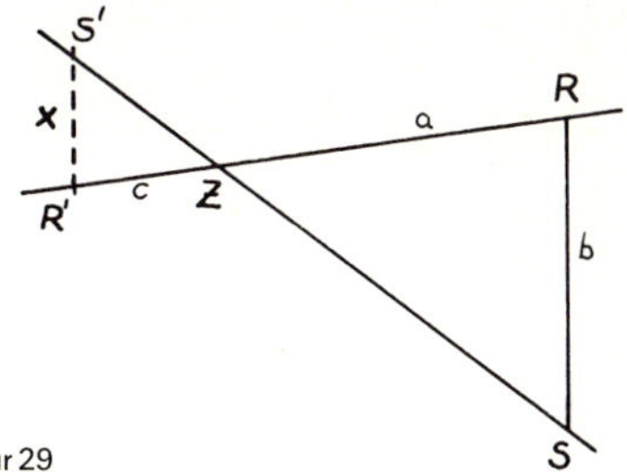

Figur 29

Seite 36

c) $\dfrac{5\,cm}{12\,cm} = \dfrac{7{,}5\,cm}{x}$

$$\Rightarrow x = \frac{7{,}5\,cm \cdot 12}{5} = 18\,cm$$

⑭

Vergleiche Figur 19 (Seite 27):
Die Punkte P und Q der Aufgabe ⑭ entsprechen dort den Punkten A und B.

$$\left.\begin{array}{l} PQ = 12\,cm \\ \overline{PT_i} = 9\,cm \end{array}\right\} \Rightarrow \overline{T_iQ} = 3\,cm$$

Mit $\overline{T_aQ} = x$ gilt $\overline{PT_a} = 12\,cm + x$

$$\frac{\overline{PT_i}}{\overline{T_iQ}} = \frac{9\,cm}{3\,cm} = 3$$

Harmonische Teilung $\Rightarrow \dfrac{\overline{PT_a}}{\overline{T_aQ}} = 3$

also $\dfrac{12\,cm + x}{x} = 3$

$$\Rightarrow \quad 12\,cm + x = 3x$$

$$\Rightarrow \quad x = 6\,cm$$

Es ergibt sich: $\overline{PT_a} = 18\,cm$;

$\overline{T_aQ} = 6\,cm$.

⑮

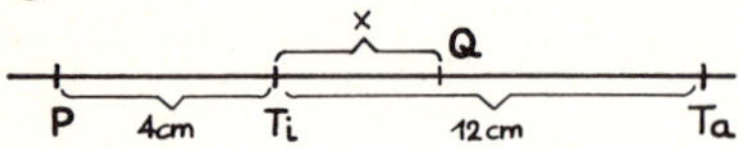

Figur 30

$$\overline{PT_a} = 16\,\text{cm}.$$

$$\ldots\frac{4\,\text{cm}}{x} = \frac{16\,\text{cm}}{12\,\text{cm} - x}$$

$\Rightarrow \quad 4\,\text{cm} \cdot (12\,\text{cm} - x) = 16\,\text{cm} \cdot x$

$\Rightarrow \quad 48\,\text{cm} - 4x = 16x$

$\Rightarrow \quad 48\,\text{cm} = 20x$

$\Rightarrow x = 2{,}4\,\text{cm}$ und

$\overline{PQ} = 2{,}4\,\text{cm} + 4\,\text{cm} = 6{,}4\,\text{cm}$

Seite 37

⑯

a) $\frac{x}{x+b} = \frac{c}{a}$

$\Rightarrow \quad \frac{x}{x + 15\,\text{cm}} = \frac{3\,\text{cm}}{12\,\text{cm}}$

$\Rightarrow \quad 12x = 3x + 45\,\text{cm}$

$\Rightarrow \quad 9x = 45\,\text{cm}$

$\Rightarrow \quad x = 5\,\text{cm}$

$\Rightarrow \quad \overline{CZ} = 5\,\text{cm}$

b) $\frac{y}{d} = \frac{x}{b}$

$\Rightarrow \quad \frac{y}{12\,\text{cm}} = \frac{5\,\text{cm}}{15\,\text{cm}}$

$\Rightarrow \quad 15y = 60\,\text{cm}$

$\Rightarrow \quad y = 4\,\text{cm}$

$\Rightarrow \quad \overline{DZ} = 4\,\text{cm}$

Seite 38

Schiefe Ebene

	$\frac{h}{l} = \frac{H}{G}$
und	$\frac{h}{b} = \frac{H}{N}$
sowie	$\frac{b}{l} = \frac{N}{G}$

⑰

a) $\frac{H}{G} = \frac{h}{l}$

$\Rightarrow \quad H = \frac{h \cdot G}{l}$

$\Rightarrow \quad H = \frac{2\,\text{m} \cdot 100\,\text{N}}{5\,\text{m}} = 40\,\text{N}$

b) $\frac{l}{b} = \frac{G}{N}$

$\Rightarrow \quad l = \frac{G \cdot b}{N}$

$\Rightarrow \quad l = \frac{120\,\text{N} \cdot 4\,\text{m}}{100\,\text{N}} = 4{,}8\,\text{m}$

Sehnensatz

$$\frac{\overline{PA}}{\overline{PB'}} = \frac{\overline{PA'}}{\overline{PB}}$$

$\Rightarrow \quad \overline{PA} \cdot \overline{PB} = \overline{PA'} \cdot \overline{PB'}$

Seite 39

Sekantensatz

$$\frac{\overline{PA}}{\overline{PB'}} = \frac{\overline{PA'}}{\overline{PB}}$$

$\Rightarrow \quad \overline{PA} \cdot \overline{PB} = \overline{PA'} \cdot \overline{PB'}$

Sekanten-Tangenten-Satz

$$\frac{\overline{PA}}{\overline{PA'}} = \frac{\overline{PA'}}{\overline{PB}}$$

$\Rightarrow \quad \overline{PA} \cdot \overline{PB} = \overline{PA'} \cdot \overline{PA'}$

bzw. $\quad \overline{PA} \cdot \overline{PB} = \overline{PA'}^{\,2}$

Seite 40

Beispiel

- M liegt auf der Mittelsenkrechten der Strecke [AB].
- Der gesuchte Punkt A′ liegt auf dem THALESkreis über der Strecke [MP].

Seite 41

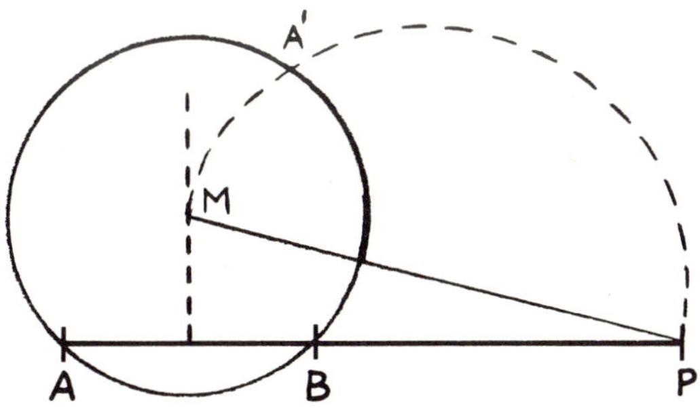

Figur 38

- $\overline{A'P} = 4{,}6\,\text{cm}$
- $s = 46\,\text{m}$
- $s \cdot s = 46\,\text{m} \cdot 46\,\text{m} = 2116\,\text{m}^2$

  $x \cdot y = 2100\,\text{m}^2$

Seite 42

Einschreibungsaufgaben

Beispiel

- Als Zentrum der zentrischen Streckung kommt nur der Punkt P in Frage, ...

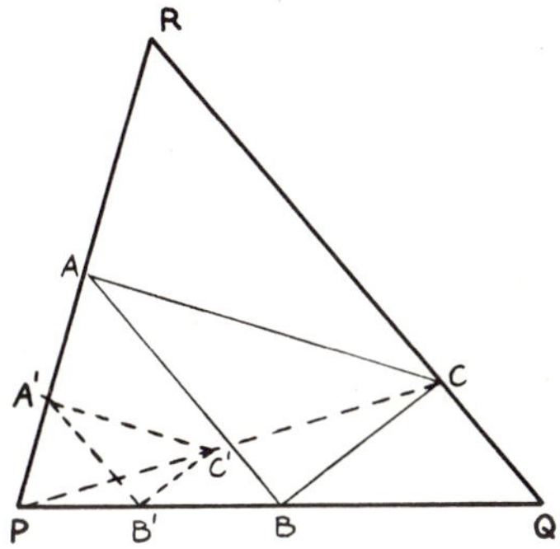

Figur 41

- ➧ ... Schnittpunkt mit der Strecke [PR] mit A.
- ➧ ... Schnittpunkt mit der Strecke [PQ] mit B.

Seite 43

- Dreieck ABC und Dreieck A′B′C′ sind ähnlich zueinander, da die entsprechenden Dreieckseiten parallel zueinander verlaufen.

(18)

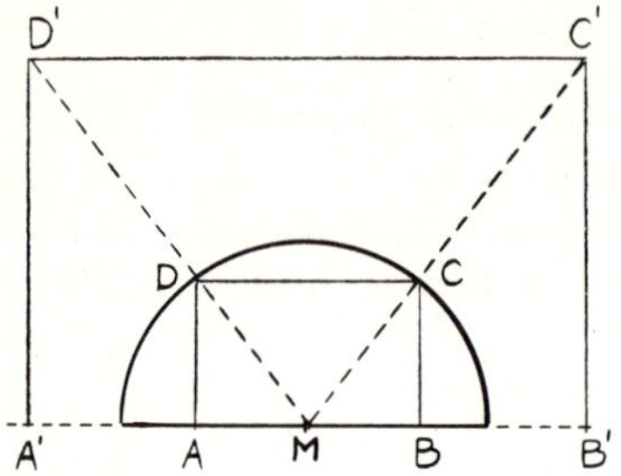

Figur 42

(19)

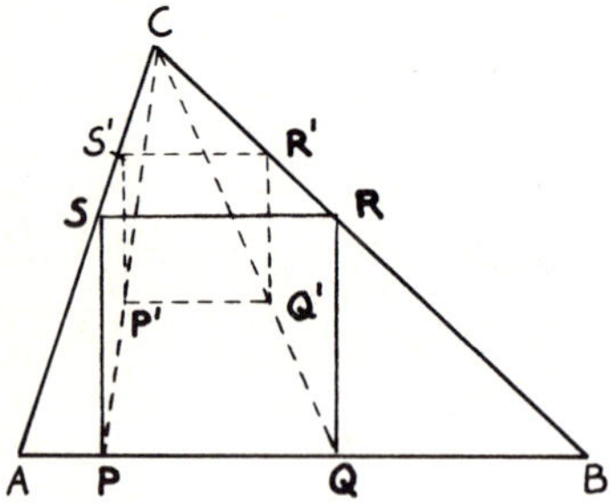

Figur 43

Seite 44

- Das Quadrat P′Q′R′S′ wurde zentrisch gestreckt mit dem Zentrum C.

Überlege

- Wenn das Dreieck rechtwinklig ist, hat die Aufgabe (19) zwei verschiedene Lösungen. Vergleiche Figur 44c.

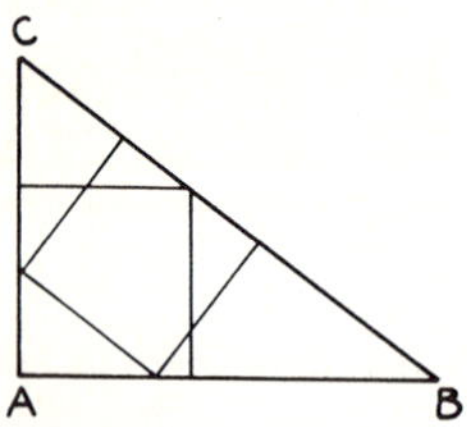

Figur 44c

- Wenn das Dreieck stumpfwinklig ist, hat die Aufgabe (19) nur eine Lösung. Vergleiche Figur 44d.

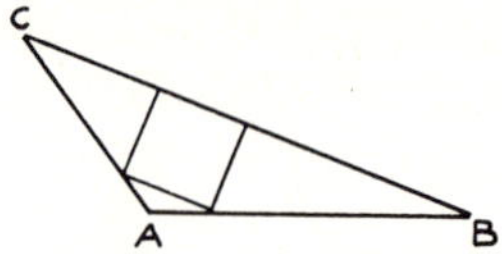

Figur 44d

Seite 44/45

Dreieckskonstruktionen

statt $a:b = 9:8$

$a:b = 4{,}5:4$

$a' = 4{,}5\,\text{cm}$

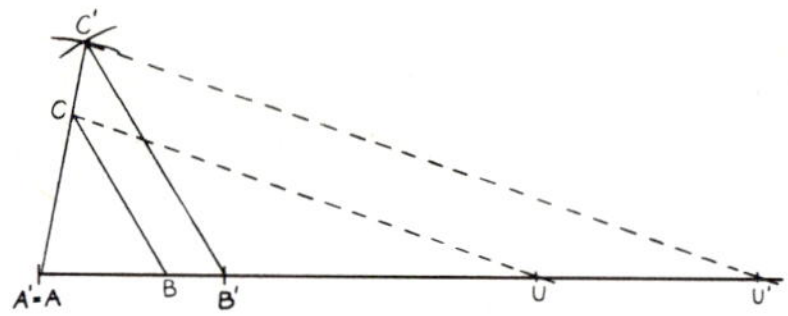

Figur 46

(20)

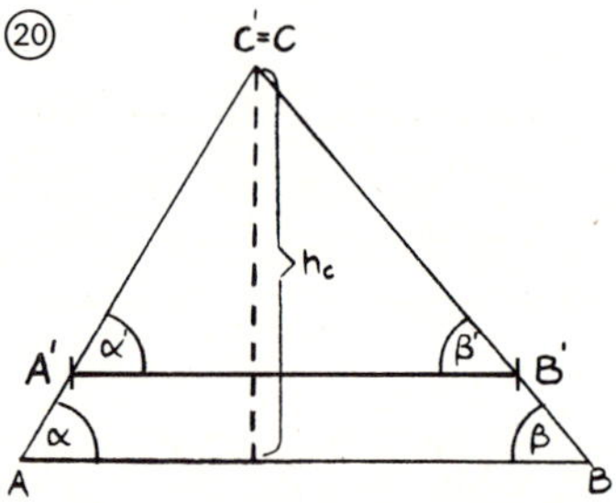

Figur 47

Seite 46

Satzgruppe des Pythagoras

Kathetensätze

… außerdem hat jedes Teildreieck bei D einen rechten Winkel.

Seite 47

$$\frac{b}{c} = \frac{q}{b}$$

$\Rightarrow b^2 = q \cdot c$

$$\frac{a}{c} = \frac{p}{a}$$

$\Rightarrow a^2 = p \cdot c$

Seite 48

Beispiel

➧ $\overline{BD} = p = y \mathrel{\hat{=}} 3{,}5\ \text{cm}$

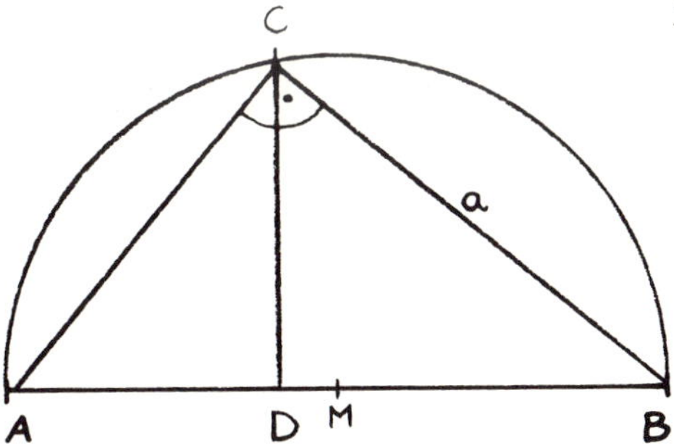

Figur 51

- DC und AB stehen senkrecht aufeinander.
- … C auf dem Thaleskreis über [AB]

➧ $a = 4{,}6\ \text{cm}$

- $s = 46\ \text{m}$

(21)

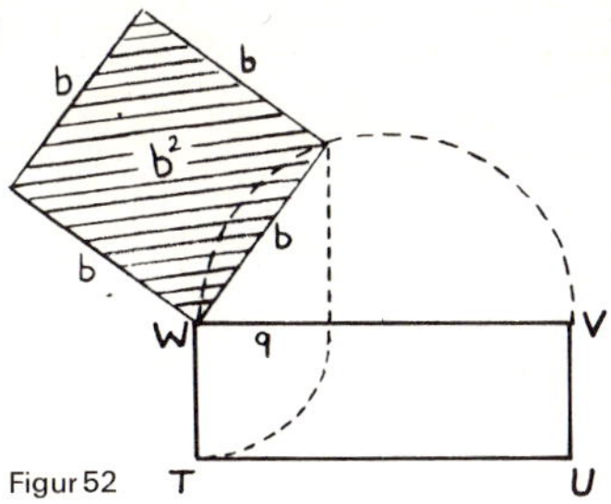

Figur 52

Satz des Pythagoras

Seite 49

1. Beispiel

$c^2 = \underbrace{9\ \text{cm}^2 + 16\ \text{cm}^2}$

$\Rightarrow c^2 = 25\ \text{cm}^2$

$\Rightarrow c = 5\ \text{cm}$

Seite 50

2. Beispiel

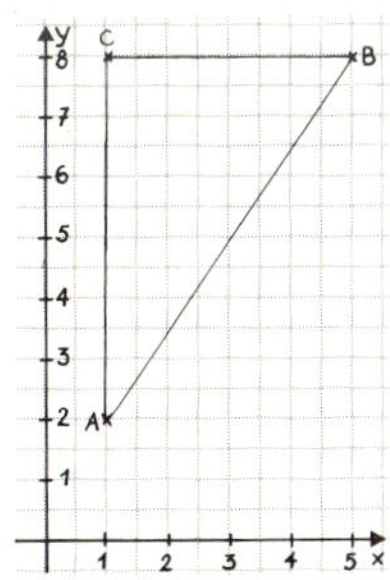

Figur 54

$\overline{AB}^2 = 4^2 + 6^2$

$\Rightarrow \overline{AB}^2 = 16 + 36$

$\Rightarrow \overline{AB}^2 = 52$

$\Rightarrow \overline{AB} = 7{,}21$

3. Beispiel

$b^2 = c^2 - a^2$

$\Rightarrow b^2 = 100\,cm^2 - 25\,cm^2$

$\Rightarrow b^2 = 75\,cm^2$

$\Rightarrow b = 8{,}66\,cm$

Seite 51

4. Beispiel

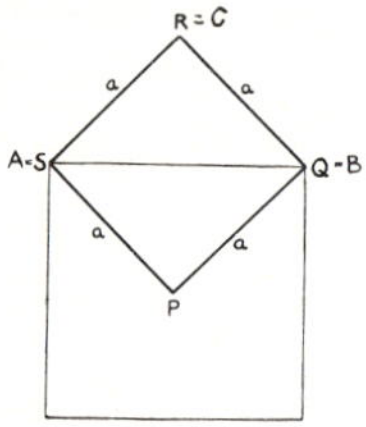

Figur 55

(22)

a) $c^2 = (12\,cm)^2 + (5\,cm)^2 = 169\,cm^2$

$\Rightarrow c = 13\,cm$

b) $\overline{QP}^2 = (15\,cm)^2 - (9\,cm)^2 = 144\,cm^2$

$\Rightarrow \overline{QP} = 12\,cm$

c) $\overline{ST}^2 = (25\,dm)^2 - (7\,dm)^2 = 576\,dm^2$

$\Rightarrow \overline{ST} = 24\,dm$

Seite 52

(23)

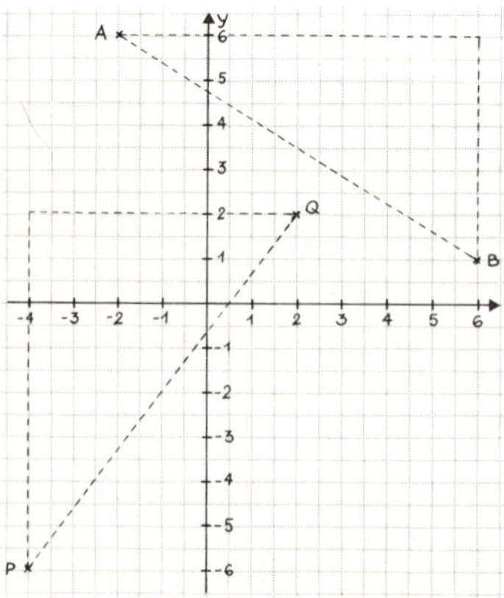

Figur 58

a) A (−2/6), B (6/1)

$\overline{AB}^2 = 8^2 + 5^2$

$\Rightarrow \overline{AB}^2 = 89$

$\Rightarrow \overline{AB} = 9{,}43$

b) P (−4/−6), Q (2/2)

$\overline{PQ}^2 = 6^2 + 8^2$

$\Rightarrow \overline{PQ}^2 = 100$

$\Rightarrow \overline{PQ} = 10$

(24)

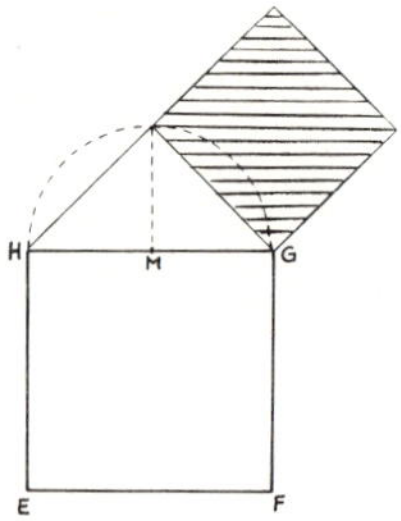

Figur 59

Seite 53

(25)

$h^2 + b^2 = l^2$

$\Rightarrow h^2 = l^2 - b^2$

$\Rightarrow h^2 = 7225\,m^2 - 7056\,m^2$

$\Rightarrow h^2 = 169\,m^2$

$\Rightarrow h = 13\,m$

(26)

a) $d^2 = a^2 + a^2$

$\Rightarrow d^2 = 2 \cdot a^2$

$\Rightarrow \boxed{\mathbf{d = a \cdot \sqrt{2}}}$

b) $d = 5\,cm \cdot \sqrt{2} = 7{,}07\,cm$

(27)

a) $d^2 = a^2 + b^2$

$\Rightarrow$ $\boxed{\mathbf{d} = \sqrt{\mathbf{a}^2 + \mathbf{b}^2}}$

b) $d = \sqrt{49\,cm^2 + 36\,cm^2} =$
$= 9{,}21\,cm$

Seite 54

(28)

a) $h^2 + \left(\frac{a}{2}\right)^2 = a^2$

$\Rightarrow h^2 = a^2 - \left(\frac{a}{2}\right)^2$

$\Rightarrow h^2 = a^2 - \frac{a^2}{4}$

$\Rightarrow h^2 = \frac{3}{4} \cdot a^2$

$\Rightarrow h = \sqrt{\frac{3}{4}} \cdot a$

$\Rightarrow$ $\boxed{\mathbf{h} = \sqrt{\mathbf{3}} \cdot \frac{\mathbf{a}}{\mathbf{2}}}$

b) $h = \sqrt{3} \cdot \frac{5\,cm}{2} = 4{,}33\,cm$

c) $A = \frac{a \cdot \sqrt{3} \cdot \frac{a}{2}}{2}$ bzw.

$A = \frac{\sqrt{3} \cdot a^2}{4}$

d) $A = \frac{\sqrt{3} \cdot 25\,cm^2}{4} = 10{,}82\,cm^2$

Seite 55

Höhensatz

$\frac{h}{q} = \frac{p}{h} \Rightarrow$ $\boxed{\mathbf{h}^2 = \mathbf{p} \cdot \mathbf{q}}$

Seite 57

Satzgruppe des Pythagoras

$\mathbf{a}^2 = \mathbf{p} \cdot \mathbf{c}$
$\mathbf{b}^2 = \mathbf{q} \cdot \mathbf{c}$
$\mathbf{a}^2 + \mathbf{b}^2 = \mathbf{c}^2$
$\mathbf{h}^2 = \mathbf{p} \cdot \mathbf{q}$

Seite 58

(29)

Da das △ CBD bei D rechtwinklig ist, läßt sich p berechnen:

- $p^2 + h^2 = a^2$

$\Rightarrow p^2 = a^2 - h^2$
$\Rightarrow p^2 = 49\,cm^2 - 9\,cm^2$
$\Rightarrow p^2 = 40\,cm^2$
$\Rightarrow p = 6{,}32\,cm$

- $q \cdot p = h^2$

$\Rightarrow q = \frac{h^2}{p}$
$\Rightarrow q = \frac{9\,cm^2}{6{,}32\,cm}$
$\Rightarrow q = 1{,}42\,cm$

- $c = p + q$

$\Rightarrow c = 6{,}32\,cm + 1{,}42\,cm$
$\Rightarrow c = 7{,}74\,cm$

- $b^2 = c^2 - a^2$

$\Rightarrow b^2 = 59{,}90\,cm^2 - 49\,cm^2$
$\Rightarrow b^2 = 10{,}90\,cm^2$
$\Rightarrow b = 3{,}30\,cm$

- $A_1 = \dfrac{7{,}74\,\text{cm} \cdot 3\,\text{cm}}{2} = 11{,}61\,\text{cm}^2$

- $A_2 = \dfrac{7\,\text{cm} \cdot 3{,}30\,\text{cm}}{2} = 11{,}55\,\text{cm}^2$

Beachte:

Daß die beiden Ergebnisse nicht genau übereinstimmen, liegt daran, daß wir alle Einzelergebnisse nur auf zwei Stellen hinter dem Komma angeben.

Seite 59

(30)

- $c = p + q$

$\Rightarrow c = 18\,\text{cm} + 32\,\text{cm} = 50\,\text{cm}$

- $h^2 = p \cdot q$

$\Rightarrow h^2 = 18\,\text{cm} \cdot 32\,\text{cm} = 576\,\text{cm}^2$

$\Rightarrow h = 24\,\text{cm}$

- $a^2 = p \cdot c$

$\Rightarrow a^2 = 18\,\text{cm} \cdot 50\,\text{cm} = 900\,\text{cm}^2$

$\Rightarrow a = 30\,\text{cm}$

- $b^2 = c^2 - a^2$

$\Rightarrow b^2 = 2500\,\text{cm}^2 - 900\,\text{cm}^2 = 1600\,\text{cm}^2$

$\Rightarrow b = 40\,\text{cm}$

- $A = \dfrac{c \cdot h}{2}$

$\Rightarrow A = \dfrac{50\,\text{cm} \cdot 24\,\text{cm}}{2} = 600\,\text{cm}^2$

bzw. $A = \dfrac{a \cdot b}{2}$

$\Rightarrow A = \dfrac{30\,\text{cm} \cdot 40\,\text{cm}}{2} = 600\,\text{cm}^2$

(31)

- $A = \dfrac{a \cdot b}{2} \Rightarrow a = \dfrac{A \cdot 2}{b}$

$\Rightarrow a = \dfrac{270\,\text{cm}^2 \cdot 2}{36\,\text{cm}} =$

$= 15\,\text{cm}$

- $c^2 = a^2 + b^2$

$\Rightarrow c^2 = 225\,\text{cm}^2 + 1296\,\text{cm}^2 = 1521\,\text{cm}^2$

$\Rightarrow c = 39\,\text{cm}$

- $p = \dfrac{a^2}{c}$

$\Rightarrow p = \dfrac{225\,\text{cm}^2}{39\,\text{cm}} = 5{,}76\,\text{cm}$

- $q = \dfrac{b^2}{c}$

$\Rightarrow q = \dfrac{1296\,\text{cm}^2}{39\,\text{cm}} = 33{,}23\,\text{cm}$

- $h = \dfrac{A \cdot 2}{c}$

$\Rightarrow h = \dfrac{270\,\text{cm}^2 \cdot 2}{39\,\text{cm}} = 13{,}84\,\text{cm}$

(32)

- $A = \dfrac{c \cdot h}{2} \Rightarrow h = \dfrac{A \cdot 2}{c}$

$\Rightarrow h = \dfrac{150\,\text{cm}^2 \cdot 2}{25\,\text{cm}} = 12\,\text{cm}$

Seite 60

$\ldots \Rightarrow 144 = 25p - p^2$

$\Rightarrow p^2 - 25p + 144 = 0$

$\Rightarrow p_1 = \dfrac{25 + \sqrt{625 - 576}}{2} = \dfrac{25 + 7}{2}$

- $p_1 = 16\,\text{cm}$

- $p_2 = \dfrac{25 - 7}{2} \Rightarrow p_2 = 9\,\text{cm}$

- $q_1 = 25\,\text{cm} - 16\,\text{cm} = 9\,\text{cm}$
- $q_2 = 25\,\text{cm} - 9\,\text{cm} = 16\,\text{cm}$

$p_1 = q_2$ und $p_2 = q_1$

- $a^2 = p \cdot c$

$\Rightarrow a^2 = 16\,\text{cm} \cdot 25\,\text{cm} = 400\,\text{cm}^2$

$\Rightarrow a = 20\,\text{cm}$

- $b^2 = q \cdot c$

$\Rightarrow b^2 = 9\,\text{cm} \cdot 25\,\text{cm} = 225\,\text{cm}^2$

$\Rightarrow b = 15\,\text{cm}$

(33)

- $A = \frac{c \cdot h}{2} \Rightarrow h = \frac{A \cdot 2}{c}$

$\Rightarrow h = \frac{5070\,\text{cm}^2 \cdot 2}{169\,\text{cm}} = 60\,\text{cm}$

- $h^2 = p \cdot c - p^2$ (vergl. Aufg. (32))

$\Rightarrow p^2 - 169p + 3600 = 0$

$$\Rightarrow p_{1/2} = \frac{169 \pm \sqrt{28\,561 - 14\,400}}{2} = \frac{169 \pm \sqrt{14\,161}}{2}$$

$\Rightarrow p_1 = \frac{169 + 119}{2} \Rightarrow p_1 = 144\,\text{cm}$

$\left(p_2 = \frac{169 - 119}{2} \Rightarrow p_2 = 25\,\text{cm}\right)$

- $q = c - p \Rightarrow q = 169\,\text{cm} - 144\,\text{cm} = 25\,\text{cm}$

- $a^2 = p \cdot c \Rightarrow a^2 = 144\,\text{cm} \cdot 169\,\text{cm}$

  $\Rightarrow a = 12 \cdot 13\,\text{cm} = 156\,\text{cm}$

- $b^2 = q \cdot c \Rightarrow b^2 = 25\,\text{cm} \cdot 169\,\text{cm}$

  $\Rightarrow b = 5 \cdot 13\,\text{cm} = 65\,\text{cm}$

(34)

- $c^2 - q \cdot c - a^2 = 0$

$\Rightarrow c^2 - 27c - 3600 = 0$

$$\Rightarrow c_{1/2} = \frac{27 \pm \sqrt{729 + 14\,400}}{2} = \frac{27 \pm 123}{2}$$

- $c_1 = 75\,\text{cm};\ c_2 = -48\,\text{cm}$

$\Rightarrow c = 75\,\text{cm}$

- $p = c - q \Rightarrow p = 75\,\text{cm} - 27\,\text{cm} = 48\,\text{cm}$

- $h^2 = p \cdot q \Rightarrow h^2 = 48\,\text{cm} \cdot 27\,\text{cm} = 1296\,\text{cm}^2$

$\Rightarrow h = 36\,\text{cm}$

- $b^2 = c^2 - a^2$

$\Rightarrow b^2 = 5625\,\text{cm}^2 - 3600\,\text{cm}^2 = 2025\,\text{cm}^2$

$\Rightarrow b = 45\,\text{cm}$

- $A = \frac{c \cdot h}{2} \Rightarrow A = \frac{75\,\text{cm} \cdot 36\,\text{cm}}{2} = 1350\,\text{cm}^2$

Seite 61

(35)

$\overline{AB} = \overline{DC}$; $\overline{AD} = \overline{BC}$

- $\overline{AE} = \overline{AB} - \overline{EB} = 9\,cm - 6\,cm = 3\,cm$
- $\overline{AD}^2 = h_a^2 + \overline{AE}^2$

$\Rightarrow \overline{AD}^2 = 16\,cm^2 + 9\,cm^2 = 25\,cm^2$

$\Rightarrow \overline{AD} = 5\,cm = \overline{BC}$

- $\overline{EC}^2 = \overline{DC}^2 + h_a^2$

$\Rightarrow \overline{EC}^2 = 81\,cm^2 + 16\,cm^2 = 97\,cm^2$

$\Rightarrow \overline{EC} = 9{,}84\,cm$

- $\overline{DB}^2 = h_a^2 + \overline{EB}^2$

$\Rightarrow \overline{DB}^2 = 16\,cm^2 + 36\,cm^2 = 52\,cm^2$

$\Rightarrow \overline{DB} = 7{,}21\,cm$

(36)

$\overline{FE} = \overline{DC}$

$\Rightarrow \overline{EB} = 14\,m - 2\,m - 4\,m = 8\,m$

- $\overline{EC}^2 = \overline{CB}^2 - \overline{EB}^2$

$\Rightarrow \overline{EC}^2 = 100\,m^2 - 64\,m^2 = 36\,m^2$

$\Rightarrow \overline{EC} = 6\,m = \overline{DF}$

- $\overline{AD}^2 = \overline{AF}^2 + \overline{DF}^2$

$\Rightarrow \overline{AD}^2 = 4\,m^2 + 36\,m^2 = 40\,m^2$

$\Rightarrow \overline{AD} = 6{,}32\,m$

- $A_{\triangle} = \dfrac{2\,m \cdot 6\,m}{2} + 4\,m \cdot 6\,m + \dfrac{8\,m \cdot 6\,m}{2} =$

$= 6\,m^2 + 24\,m^2 + 24\,m^2 =$

$= 54\,m^2$

Seite 62

Konstruktion des 10-Ecks

- Da das $\triangle$ ABM gleichschenklig ist, ergibt sich für die beiden Basiswinkel

$$\alpha = \beta = \frac{180° - 36°}{2} = 72°$$

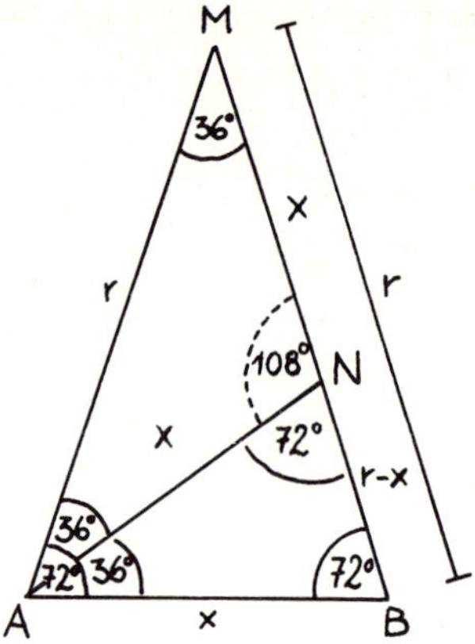

Figur 75

- … sowohl $\triangle$ BNA, als auch $\triangle$ MAN gleichschenklig sind.

➧ $\overline{MN} = x$

$$\frac{r - x}{x} = \frac{x}{r}$$

Seite 64

(37)

a)

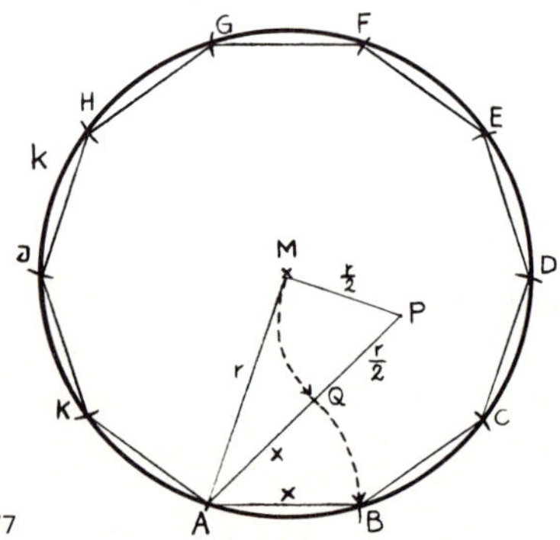

Figur 77

b) $x = -\frac{3}{2} + \sqrt{1{,}5^2 + 9} =$

$= -\frac{3}{2} + \sqrt{11{,}25} =$

$= -1{,}5 + 3{,}35 = 1{,}85$

$\Rightarrow x = 1{,}85\,cm$

Längenberechnungen bei Körpern

1. Beispiel

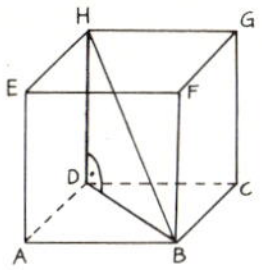

Figur 79

Seite 65

- ... rechten Winkel bei D; damit ist die Seite [HB] Hypotenuse ...
- $\overline{HD} = 5\,cm$
- $\overline{DB} = 5\,cm \cdot \sqrt{2} = 7{,}07\,cm$
- $\overline{HB}^2 = 25\,cm^2 + 50\,cm^2 = 75\,cm^2$

$\Rightarrow \overline{HB} = 8{,}66\,cm$

2. Beispiel

- $\overline{AC}^2 = 64\,cm^2 + 36\,cm^2 = 100\,cm^2$

$\Rightarrow \overline{AC} = 10\,cm$

$\Rightarrow \overline{MC} = 5\,cm$

- $s^2 = \overline{MC}^2 + h^2$

$\Rightarrow s^2 = 25\,cm^2 + 144\,cm^2 = 169\,cm^2$

$\Rightarrow s = 13\,cm$

Seite 66

(38)

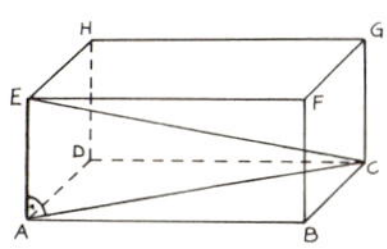

Figur 81

- $\overline{AC}^2 = a^2 + b^2$

$\Rightarrow \overline{AC}^2 = 256\,cm^2 + 144\,cm^2 = 400\,cm^2$

$\Rightarrow \overline{AC} = 20\,cm$

- $\overline{EC}^2 = h^2 + \overline{AC}^2$

$\Rightarrow \overline{EC}^2 = 441\,cm^2 + 400\,cm^2 = 841\,cm^2$

$\Rightarrow \overline{EC} = 29\,cm = d$

(Auch [GA], [HB] und [DF] sind Raumdiagonalen, die bei einem Quader alle gleich lang sind.)

(39)

$m^2 = h^2 + r^2$

$\Rightarrow m^2 = 576\,cm^2 + 100\,cm^2 = 676\,cm^2$

$\Rightarrow m = 26\,cm$

(40)

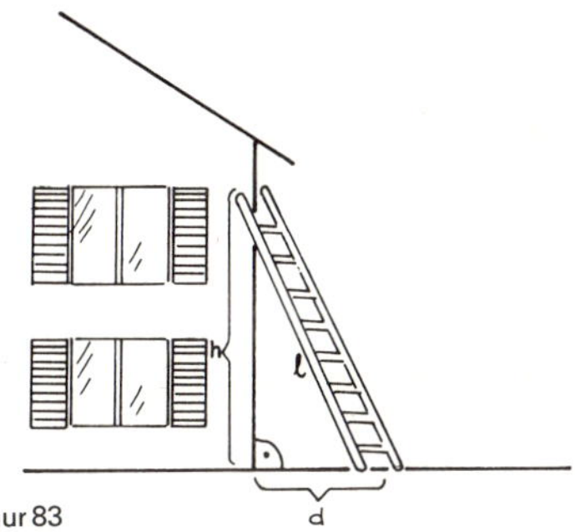

Figur 83

- $h^2 = l^2 - d^2$

$\Rightarrow h^2 = 64\,m^2 - 9\,m^2 = 55\,m^2$

$\Rightarrow h = 7{,}41\,m$

Zu Seiten 67–70

Kreis

Kreisumfang

Seite 67/68

Radius in cm	1	2	3	4	5	…
Durchm. in cm	2	4	6	8	10	
Umfang in cm	6,28	12,56	18,84	25,12	31,40	
$\frac{\text{Umfang in cm}}{\text{Durchm. in cm}}$	3,14	3,14	3,14	3,14	3,14	

Radius in cm	6	7	10	20	0,5	
Durchm. in cm	12	14	20	40	1	
Umfang in cm	37,68	43,96	62,80	125,60	3,14	

- Wird bei einem Kreis der Durchmesser verdoppelt, so wird auch der Kreisumfang doppelt so lang;
- wird der Durchmesser verdreifacht, so ist der Kreisumfang dreimal so lang;
- Die beiden Längen des Kreisdurchmessers und des Kreisumfangs sind proportional zueinander.
- Der Quotient aus Kreisumfang und Kreisdurchmesser ist konstant.

Figur 86 zeigt:

- Der Kreisumfang ist offensichtlich länger als der Umfang des regulären Sechsecks EFGHIK.
- $U_{\square} = 8 \cdot r$ bzw.
- $U_{\square} = 4 \cdot d$
- $U_{⬡} = 6 \cdot r$ bzw.
- $U_{⬡} = 3 \cdot d$

  $3d < \pi \cdot d < 4d$

  $3 < \pi < 4$

Seite 69

Figur 85 zeigt:

- Der Kreisumfang ist offensichtlich kürzer als der Umfang des Quadrates ABCD.

Seite 70

(41) $U = 2 \cdot 3\,\text{cm} \cdot 3{,}14 = 18{,}84\,\text{cm}$

(42) $U = 10\,\text{cm} \cdot 3{,}14 = 31{,}4\,\text{cm}$

(43)

a) $r = \frac{U}{2 \cdot 3{,}14} \Rightarrow$

$r_1 = \frac{2\,m}{2 \cdot 3{,}14} = 31{,}84\,cm$

b) $r_2 = \frac{2{,}10\,m}{2 \cdot 3{,}14} = 33{,}43\,cm$

c) Der Radius r_2 ist um 1,59 cm länger als der Radius r_1.

(44) $r_1 = \frac{U_1}{2 \cdot \pi} = \frac{40\,000\,km}{2 \cdot 3{,}14} = 6369{,}42\,km$

$r_2 = \frac{U_1 + 10\,cm}{2 \cdot \pi} = \frac{40\,000\,km}{2 \cdot 3{,}14} + \frac{10\,cm}{2 \cdot 3{,}14} =$

$= 6369{,}42\,km + 1{,}59\,cm$

Seite 71

Kreisflächeninhalt

Quadratflächeninhalt $= 4 \cdot r^2$

Kreisflächeninhalt $\approx \frac{3}{4} \cdot 4 \cdot r^2 = 3 \cdot r^2$

... zu einem Rechteck zusammenfügen, dessen kurze Seite b mit dem Radius des Kreises übereinstimmt und dessen lange Seite l gleich dem halben Umfang des Kreises ist.

(45) $A = (3\,cm)^2 \cdot 3{,}14 = 28{,}26\,cm^2$

(46) $r^2 = \frac{A}{\pi} = \frac{100\,cm^2}{3{,}14} = 31{,}84\,cm^2$

$\Rightarrow r = 5{,}64\,cm \Rightarrow d = 11{,}28\,cm$

(47) $U = 2 \cdot r \cdot \pi \Rightarrow r = \frac{U}{2 \cdot \pi}$

$\Rightarrow r = \frac{15\,dm}{2 \cdot 3{,}14} = 2{,}38\,dm$

$\Rightarrow A = (2{,}38\,dm)^2 \cdot 3{,}14 = 17{,}78\,dm^2$

(48) $A_a = (6\,cm)^2 \cdot 3{,}14 = 113{,}04\,cm^2$

$A_i = (4\,cm)^2 \cdot 3{,}14 = 50{,}24\,cm^2$

$A_{Kreisring} = 113{,}04\,cm^2 - 50{,}24\,cm^2 =$

$= 62{,}80\,cm^2$

Seite 72

(49)

I $\quad A_{KR} = r_a^2 \cdot \pi - r_i^2 \cdot \pi$

II $\quad b = r_a - r_i \Rightarrow r_a = b + r_i$

r_a in I $\quad A_{KR} = (b + r_i)^2 \cdot \pi - r_i^2 \cdot \pi$

$\Rightarrow \quad A_{KR} = b^2 \cdot \pi + 2 \cdot r_i \cdot b \cdot \pi + r_i^2 \cdot \pi - r_i^2 \cdot \pi$

$\Rightarrow \quad A_{KR} = b^2 \cdot \pi + 2 \cdot r_i \cdot b \cdot \pi$

$\Rightarrow \quad r_i = \frac{A_{KR} - b^2 \cdot \pi}{2 \cdot b \cdot \pi}$

$\Rightarrow \quad r_i = \frac{15\,m^2 - (0{,}5\,m)^2 \cdot 3{,}14}{2 \cdot 0{,}5\,m \cdot 3{,}14} =$

$= 4{,}52\,m$

$\Rightarrow \quad r_a = 4{,}52\,m + 0{,}5\,m = 5{,}02\,m$

Seite 73

... die Größe der Sektorfläche hängt ab von der Größe des Mittelpunktwinkels.

- $b_{180°} = \frac{2 \cdot r \cdot \pi}{2} = r \cdot \pi$
- $b_{90°} = \frac{2 \cdot r \cdot \pi}{4} = \frac{1}{2} \cdot r \cdot \pi$
- $b_{1°} = \frac{1}{360°} \cdot 2 \cdot r \cdot \pi$
- $b_{\varphi} = \frac{\varphi}{360°} \cdot 2 \cdot r \cdot \pi$

(50) $b_{24°} = \frac{24°}{180°} \cdot 20\,\text{cm} \cdot 3{,}14 = 8{,}37\,\text{cm}$

(51) $r = \frac{b \cdot 180°}{\varphi \cdot \pi} = \frac{30\,\text{m} \cdot 180°}{14° \cdot 3{,}14} = 122{,}83\,\text{m}$

Seite 74

(52)

a) $r = \frac{900\,\text{km} \cdot 180°}{8° \cdot 3{,}14} = 6449{,}04\,\text{km}$

b) $U = 2 \cdot 6449{,}04\,\text{km} \cdot 3{,}14 = 40\,499{,}97\,\text{km}$

(53) $U = 2 \cdot 149\,504\,200\,\text{km} \cdot 3{,}14 = 938\,886\,376\,\text{km}$

1 Tag = 24 h = 86 400 sec,
365 Tage = 31 536 000 sec

$\text{Weg in 1 sec} = \frac{938\,886\,376\ \text{km}}{31\,536\,000} \approx 29{,}8\ \text{km}$

- $A_{180°} = \frac{1}{2} \cdot r^2 \cdot \pi$
- $A_{90°} = \frac{1}{4} \cdot r^2 \cdot \pi$
- $A_{1°} = \frac{1}{360°} \cdot r^2 \cdot \pi$

(54) $A_{24°} = \frac{24°}{360°} \cdot (20\,\text{cm})^2 \cdot 3{,}14 =$

$= 83{,}73\,\text{cm}^2$

(55) $r^2 = \frac{A \cdot 360°}{\varphi \cdot \pi} = \frac{500\,\text{m}^2 \cdot 360°}{7° \cdot 3{,}14} =$

$= 8189{,}26\,\text{m}^2$

$\Rightarrow r = 90{,}49\,\text{m}$

Seite 75

(56)

$$r = \frac{U}{2 \cdot \pi} = \frac{1{,}5\,m}{2 \cdot 3{,}14} = 23{,}88\,cm$$

$$A_{\bigcirc} = (23{,}88\,cm)^2 \cdot 3{,}14 = 1790{,}59\,cm^2 \mathrel{\hat=} 100\%$$

$$A_{\square} = 2 \cdot 23{,}88\,cm \cdot 23{,}88\,cm = 1140{,}50\,cm^2$$

$$A_{\square} \mathrel{\hat=} \frac{100\% \cdot 1140{,}50}{1790{,}59} = 63{,}69\%$$

... fallen 36,31 % als Abfall an.

(57)

$$A_{\overset{\frown}{a}} = \frac{a^2}{8} \cdot \pi$$

$$A_{\overset{\frown}{b}} = \frac{1}{2} \cdot \left(\frac{b}{2}\right)^2 \cdot \pi = \frac{1}{2} \cdot \frac{b^2}{4} \cdot \pi = \frac{b^2}{8} \cdot \pi$$

... und dann die Dreiecksfläche wieder addieren.

$$A_1 + A_2 = \frac{a^2}{8} \cdot \pi + \frac{b^2}{8} \cdot \pi - \frac{c^2}{8} \cdot \pi + A_{\triangle} = \frac{\pi}{8} \cdot (a^2 + b^2 - c^2) + A_{\triangle}$$

... nach Pythagoras

$\Rightarrow a^2 + b^2 - c^2 = 0$

(58)

$$A_1 + A_2 = \frac{1}{4} \cdot r^2 \cdot \pi - 2 \cdot \frac{1}{2} \cdot \left(\frac{r}{2}\right)^2 \cdot \pi + 2 \cdot A_1 = \cancel{\frac{1}{4} \cdot r^2} \cdot \pi - \cancel{1 \cdot \frac{r^2}{4}} \cdot \pi + 2 \cdot A_1$$

$\Rightarrow A_1 + A_2 = 2 \cdot A_1 \Rightarrow A_1 = A_2$

Seite 76

... Da das Dreieck AMB (Figur 95) gleichschenklig ist, ...

(59)

$$A_{\triangledown} = \frac{60°}{360°} \cdot r^2 \cdot \pi \Rightarrow$$

$$A_{\triangledown} = \frac{60°}{360°} \cdot 9\,cm^2 \cdot 3{,}14 = 4{,}71\,cm^2$$

... Dreieck ABC in diesem Fall ein gleichseitiges Dreieck.

$$A_{\triangle} = \frac{\sqrt{3} \cdot r^2}{4} \Rightarrow$$

$$A_{\triangle} = \frac{\sqrt{3} \cdot 9\,cm^2}{4} = 3{,}89\,cm^2$$

Flächeninhalt des Kreisabschnittes =
$= 4{,}71\,cm^2 - 3{,}89\,cm^2 = 0{,}82\,cm^2$

(60)

$$b_{\varphi} = \frac{\varphi}{180°} \cdot r \cdot \pi \Rightarrow$$

$$\varphi = \frac{b \cdot 180°}{r \cdot \pi} = \frac{12{,}56\,cm \cdot 180°}{8\,cm \cdot 3{,}14} = 90°$$

Da in diesem Fall das Dreieck AMB rechtwinklig ist, ...

$$A_{\triangle} = \frac{8\,cm \cdot 8\,cm}{2} = 32\,cm^2$$

$$A_{\triangledown} = \frac{90°}{360°} \cdot 64\,cm^2 \cdot 3{,}14 = 50{,}24\,cm^2$$

Flächeninhalt des Kreisabschnittes =
$= 50{,}24\,cm^2 - 32\,cm^2 = 18{,}24\,cm^2$

Körperberechnungen
Prismen und Zylinder

Seite 77

- Bei geraden Prismen sind die Seitenkanten s und die Höhe h gleich lang.
- Die Seitenflächen sind jeweils Rechtecke.

Seite 78

- Die Mantelfläche eines Zylinders ist ein Rechteck, ... dessen andere Seite gleich der Länge des Kreisumfanges ist.

1. Beispiel

a)

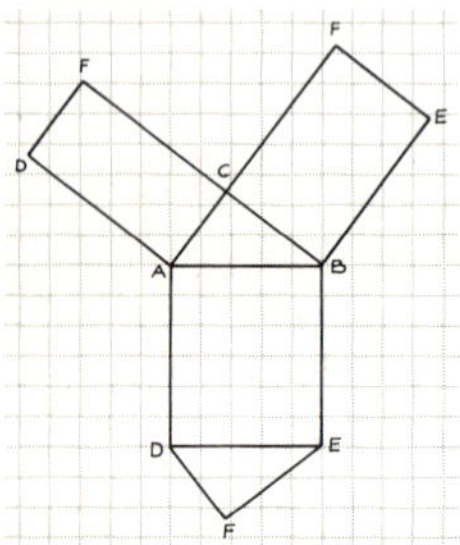

Figur 100b

Seite 79

2. Beispiel

a)

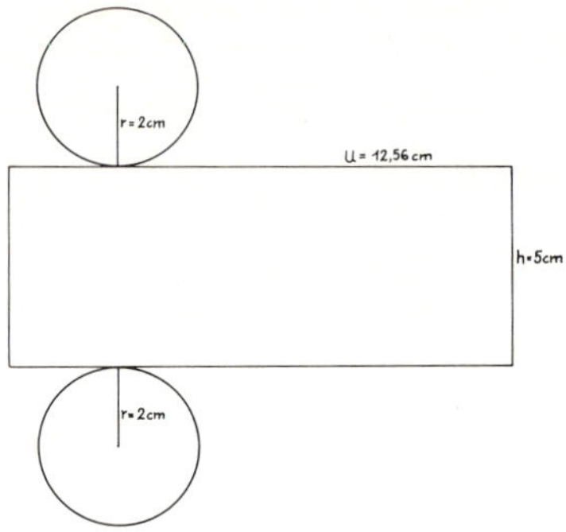

Figur 101

b) $U = 2 \cdot 2\,\text{cm} \cdot 3{,}14 = 12{,}56\,\text{cm}$

$M = U \cdot h = 12{,}56\,\text{cm} \cdot 5\,\text{cm} = 62{,}80\,\text{cm}^2$

- Zwei Prismen mit gleicher Höhe besitzen dasselbe Volumen, wenn ihre Grundflächen inhaltsgleich sind.

$$\mathbf{V_{Zylinder} = r^2 \cdot \pi \cdot h}$$

(In der Lösungsfigur wurden die Längen halbiert.)

b) $O = A_{\triangle ABC} + A_{\square ABED} + A_{\square BCFE} + A_{\square CADF} + A_{\triangle DEF} =$

$= 6\,\text{cm}^2 + 30\,\text{cm}^2 + 24\,\text{cm}^2 + 18\,\text{cm}^2 + 6\,\text{cm}^2 =$

$= 84\,\text{cm}^2$

oder kürzer:

$O = 2 \cdot A_{\triangle ABC} + (a + b + c) \cdot h =$

$= 2 \cdot 6\,\text{cm}^2 + 12\,\text{cm} \cdot 6\,\text{cm} =$

$= 12\,\text{cm}^2 + 72\,\text{cm}^2 = 84\,\text{cm}^2$

Seite 80

Beispiel

... da das Bestimmungsdreieck ABM ein gleichseitiges Dreieck ist.

- $A_{\triangle ABM} = \frac{\sqrt{3} \cdot a^2}{4} =$

  $= \frac{\sqrt{3} \cdot 25\,cm^2}{4} = 10{,}82\,cm^2$
- $G = 6 \cdot A_{\triangle} = 6 \cdot 10{,}82\,cm^2 = 64{,}92\,cm^2$
- $V = 64{,}92\,cm^2 \cdot 12\,cm = 779{,}04\,cm^3$

(61)

$G = r^2 \cdot \pi = 6{,}25\,cm^2 \cdot 3{,}14 =$
$= 19{,}62\,cm^2$

$V = G \cdot h = 19{,}62\,cm^2 \cdot 8\,cm =$
$= 156{,}96\,cm^3$

(62)

$V_{Quader} = l \cdot b \cdot h = 200\,m^3$

$G_{Prisma} = \frac{\sqrt{3} \cdot b^2}{4} = 6{,}92\,m^2$

$V_{Prisma} = G \cdot l = 69{,}2\,m^3$

$V_{Körper} = 200\,m^3 + 69{,}2\,m^3 =$
$= 269{,}2\,m^3$

(63)

$h = \frac{V}{l \cdot b} = \frac{819\,cm^3}{13\,cm \cdot 9\,cm} = 7\,cm$

(64)

$r^2 = \frac{V}{\pi \cdot h} = \frac{240\,cm^3}{3{,}14 \cdot 8\,cm} = 9{,}55\,cm^2$

$r = 3{,}09\,cm$

Seite 81

Pyramiden und Kegel

- Die Seitenflächen sind jeweils Dreiecke.

Seite 82

- Die Länge des Kreisbogens b stimmt mit der Länge des Umfangs des Grundkreises überein:

  $b = 2 \cdot r \cdot \pi$

  $A_{MK} = m^2 \cdot \pi$

- Fläche pro 1 cm Bogenlänge $= \frac{m^2 \cdot \pi}{2 \cdot m \cdot \pi}$

  $A_M = \frac{m^2 \cdot \pi}{2 \cdot m \cdot \pi} \cdot 2 \cdot v \cdot \pi$

  $\mathbf{0 = r \cdot \pi \cdot (r + m)}$

(65)

$0 = 4\,cm \cdot 3{,}14 \cdot (4\,cm + 10\,cm) =$
$= 175{,}84\,cm^2$

(66)

a) $r^2 = \frac{G}{\pi}$

$\Rightarrow r^2 = \frac{78{,}5\,cm^2}{3{,}14} = 25\,cm^2$

$\Rightarrow r = 5\,cm$

b)

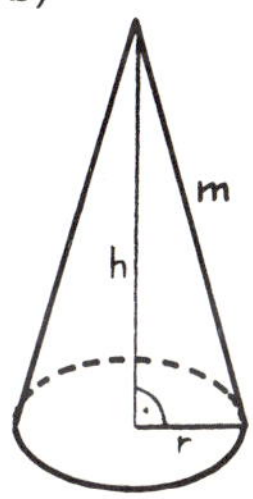

Figur 110

$m^2 = h^2 + r^2$

$\Rightarrow m^2 = 144\,cm^2 + 25\,cm^2 = 169\,cm^2$

$\Rightarrow m = 13\,cm$

c) $A_M = 13\,cm \cdot 5\,cm \cdot 3{,}14 = 204{,}1\,cm^2$

Seite 84

Beispiel

b) $V = \frac{1}{3} \cdot 8\,cm \cdot 6\,cm \cdot 12\,cm = 192\,cm^3$

c)

- … das rechtwinklige Dreieck AMS
- Im Dreieck AMS liegt der rechte Winkel bei M; daher ist s Hypotenuse.

$\overline{AM} = \frac{1}{2} \cdot \sqrt{64\,cm^2 + 36\,cm^2} = 5\,cm$

$s^2 = \overline{AM}^2 + h^2 = 25\,cm^2 + 144\,cm^2 = 169\,cm^2$

$\Rightarrow s = 13\,cm$

d) $h_a^2 = s^2 - \left(\frac{a}{2}\right)^2 = 169\,cm^2 - 16\,cm^2 = 153\,cm^2$

$\Rightarrow h_a = 12{,}36\,cm$

$A_{\triangle ABS} = \frac{a \cdot h_a}{2} = 49{,}44\,cm^2$

Seite 85

e) $h_b^2 = s^2 - \left(\frac{b}{2}\right)^2 = 169\,cm^2 - 9\,cm^2 = 160\,cm^2$

$\Rightarrow h_b = 12{,}64\,cm$

$A_{\triangle BCS} = \frac{b \cdot h_b}{2} = 37{,}92\,cm^2$

f) $M = 2 \cdot A_{\triangle ABS} + 2 \cdot A_{\triangle BCS} = 98{,}88\,cm^2 + 75{,}84\,cm^2 = 174{,}72\,cm^2$

$0 = G + M = 48\,cm^2 + 174{,}72\,cm^2 = 222{,}72\,cm^2$

- Die Dreieckshöhe h_a ist Hypotenuse im $\triangle$ EMS.
- Mit $\overline{EM} = \frac{b}{2} = 3\,cm$ gilt:

$h_a = \sqrt{9\,cm^2 + 144\,cm^2} = 12{,}36\,cm$

- Die Dreieckshöhe h_b ist Hypotenuse im $\triangle$ FMS.
- Mit $\overline{MF} = \frac{a}{2} = 4\,cm$ gilt:

$h_b = \sqrt{\overline{MF}^2 + \overline{MS}^2} = \sqrt{16\,cm^2 + 144\,cm^2} = 12{,}64\,cm$

Seite 86

(67)

a)

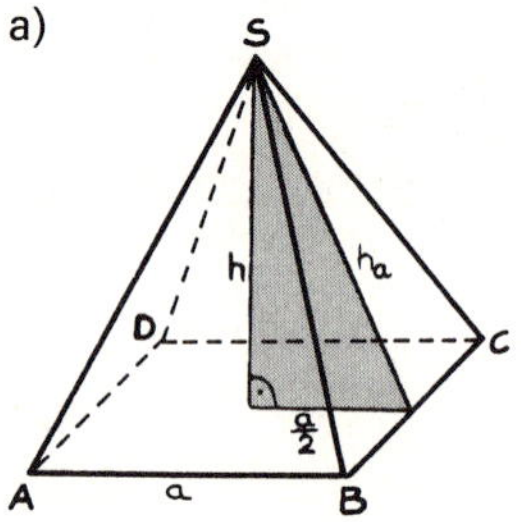

Figur 113

b) Alle vier Seitendreiecke sind zueinander kongruent.

$h_a = \sqrt{(\frac{a}{2})^2 + h^2} = \sqrt{36\,cm^2 + 64\,cm^2} = 10\,cm$

c) $A_\triangle = \frac{a \cdot h_a}{2} = \frac{12\,cm \cdot 10\,cm}{2} = 60\,cm^2$

d) $A_M = 4 \cdot A_\triangle = 240\,cm^2$

e) $V_{Pyramide} = \frac{1}{3} \cdot a^2 \cdot h = 384\,cm^3$

f) $s = \sqrt{h_a^2 + (\frac{a}{2})^2} = 11{,}66\,cm$

(68)

a)

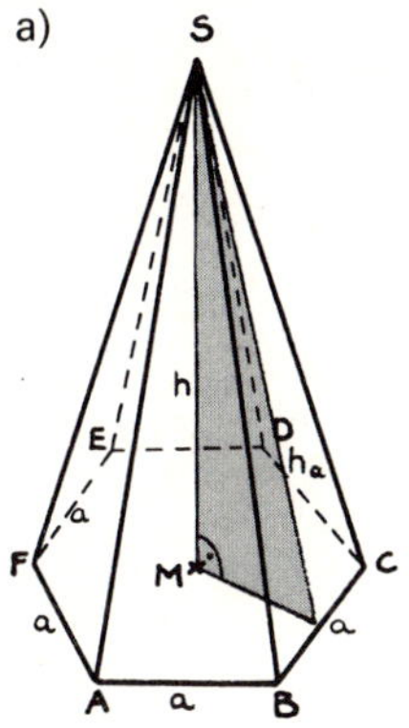

Figur 114

b) Da die Grundfläche ein reguläres Sechseck ist, gilt: $\overline{MB} = a$

$h = \sqrt{s^2 - a^2} = \sqrt{81\ cm^2 - 25\ cm^2} =$
$= 7{,}48\ cm$

c) $h_a = \sqrt{s^2 - (\frac{a}{2})^2} = \sqrt{81\ cm^2 - 6{,}25\ cm^2} =$
$= 8{,}64\ cm$

$A_{\triangle BCS} = \dfrac{a \cdot h_a}{2} = 21{,}6\ cm^2$

$G = 64{,}92\ cm^2$ (vergl. Seite 80)

$O = 6 \cdot 21{,}6\ cm^2 + 64{,}92\ cm^2 =$
$= 194{,}52\ cm^2$

d) $V = \dfrac{G \cdot h}{3} = 161{,}86\ cm^3$

Seite 87

(69)

b)

- Die Körperhöhe h ist Kathete im $\triangle$ AMS mit dem rechten Winkel bei M.

$\overline{AD} = h_a = \sqrt{3} \cdot \dfrac{5\ cm}{2} = 4{,}33\ cm$

$\overline{AM} = \frac{2}{3} \cdot 4{,}33\ cm = 2{,}88\ cm$

$h^2 = 64\ cm^2 - 8{,}29\ cm^2 = 55{,}71\ cm^2$

$\Rightarrow h = 7{,}46\ cm$

c) $A_{\triangle ABC} = \dfrac{a \cdot h_a}{2} = \dfrac{5\ cm \cdot 4{,}33\ cm}{2} = 10{,}82\ cm^2$

d) $V = \dfrac{10{,}82\ cm^2 \cdot 7{,}46\ cm}{3} = 26{,}90\ cm^3$

e) $h_M^2 = s^2 - (\frac{a}{2})^2 = 64\ cm^2 - 6{,}25\ cm^2 = 57{,}75\ cm^2$

$\Rightarrow h_M = 7{,}59\ cm$

Seite 88

$A_{\triangle ABS} = \dfrac{5\,cm \cdot 7{,}59\,cm}{2} = 18{,}97\,cm^2$

$M = 3 \cdot A_{\triangle ABS} = 56{,}91\,cm^2$

(70)

a) Im Dreieck AMS ist h Kathete.

$h = \sqrt{a^2 - \overline{AM}^2} = \sqrt{25\,cm^2 - 8{,}29\,cm^2} =$
$= 4{,}08\,cm$

b) $O = 4 \cdot A_{\triangle ABC} = 4 \cdot 10{,}82\,cm^2 =$
$= 43{,}28\,cm^2$

c) $V = \dfrac{10{,}82\,cm^2 \cdot 4{,}08\,cm}{3} = 14{,}71\,cm^3$

(71)

b) $\overline{AM} = \frac{1}{2} \cdot 5\,cm \cdot \sqrt{2} = 3{,}53\,cm$

c) $\dfrac{h}{2} = \overline{MS_1} = \sqrt{a^2 - \overline{AM}^2} = 3{,}53\,cm$

d) $V = 2 \cdot \dfrac{25\,cm^2 \cdot 3{,}53\,cm}{3} = 58{,}83\,cm^3$

e) $A_{\triangle ABS_1} = 10{,}82\,cm^2 \Rightarrow$
$O = 8 \cdot 10{,}82\,cm^2 = 86{,}56\,cm^2$

Pyramidenstumpf/Kegelstumpf

Seite 89

- Bei jedem Pyramidenstumpf besteht die Mantelfläche aus Trapezen.
- Das Volumen des Pyramidenstumpfes ergibt sich als Differenz ...

Seite 90

- ... das Zentrum im Punkt S liegt.
- $\dfrac{x + h}{x} = k$

$$(x + h) \cdot \sqrt{D} = x \cdot \sqrt{G}$$
$$\Rightarrow \quad x \cdot \sqrt{D} + h \cdot \sqrt{D} = x \cdot \sqrt{G}$$
$$\Rightarrow \quad h \cdot \sqrt{D} = x \cdot \sqrt{G} - x \cdot \sqrt{D}$$
$$\Rightarrow \quad h \cdot \sqrt{D} = x \cdot (\sqrt{G} - \sqrt{D}) \qquad | : (\sqrt{G} - \sqrt{D})$$
$$\Rightarrow \quad \frac{h \cdot \sqrt{D}}{(\sqrt{G} - \sqrt{D})} = x$$

Seite 91

$$V_{Pyrst.} = \frac{1}{3} \cdot G \cdot h + \frac{1}{3} \cdot \frac{h \cdot \sqrt{D}}{(\sqrt{G} - \sqrt{D})} \cdot (G - D)$$

$$\Rightarrow V_{Pyrst.} = \frac{1}{3} \cdot G \cdot h + \frac{1}{3} \cdot h \cdot \sqrt{D} \cdot (\sqrt{G} + \sqrt{D})$$

Beispiel

a) $G = 100\,cm^2$

$D = 36\,cm^2$

$V_{Pyrst.} = \frac{1}{3} \cdot 12\,cm \cdot (100\,cm^2 + \sqrt{100\,cm^2 \cdot 36\,cm^2} + 36\,cm^2) =$

$= 784\,cm^3$

b) $\frac{x}{x + 12\,cm} = \frac{6}{10}$

$\Rightarrow \quad 10x = 6x + 72\,cm$

$\Rightarrow \quad 4x = 72\,cm$

$\Rightarrow \quad x = 18\,cm$

Seite 92

- $\overline{AC} = \sqrt{2} \cdot 10\,cm = 14{,}14\,cm$
- $\overline{E'G'} = \sqrt{2} \cdot 6\,cm = 8{,}48\,cm$
- $\overline{AE'}$ ist die Hälfte der Differenz von $\overline{AC}$ und $\overline{E'G'}$.

  $AE' = \frac{1}{2} \cdot (14{,}14\,cm - 8{,}48\,cm) =$

  $= 2{,}83\,cm$

- … s als Hypotenuse im rechtwinkligen Dreieck AE′E:

  $s = \sqrt{8\,cm^2 + 144\,cm^2} = 12{,}32\,cm$

d)

- Die Mantelfläche besteht aus vier kongruenten Trapezen.

  $h_T = \sqrt{s^2 - \left(\frac{g - d}{2}\right)^2} =$

  $= \sqrt{151{,}78\,cm^2 - 4\,cm^2} =$

  $= 12{,}15\,cm$

- $A_T = \frac{10\,cm + 6\,cm}{2} \cdot 12{,}15\,cm =$

  $= 97{,}2\,cm^2$

$\Rightarrow A_M = 4 \cdot A_T = 388{,}8\,cm^2$

Seite 93

e) $\frac{s_x}{s} = \frac{x}{h}$

$\Rightarrow s_x = \frac{x}{h} \cdot s$

$\Rightarrow s_x = \frac{18\,cm}{12\,cm} \cdot 12{,}32\,cm = 18{,}48\,cm$

(72)

a) I $\quad g^2 = d^2 + 105\,cm^2$

II $\quad g = d + 5\,cm$

II in I $\quad (d + 5\,cm)^2 = d^2 + 105\,cm^2$

$\Rightarrow \quad \not{d^2} + 2 \cdot d \cdot 5\,cm + 25\,cm^2 = \not{d^2} + 105\,cm^2$

$\Rightarrow \quad 2d \cdot 5\,cm = 80\,cm^2 \quad | : 5\,cm$

$\Rightarrow \quad 2d = 16\,cm$

$\Rightarrow \quad d = 8\,cm$

d in II $\quad g = 13\,cm$

b) $V_{Pyrst.} = \frac{1}{3} \cdot 12\,cm \cdot (169\,cm^2 + 13\,cm \cdot 8\,cm + 64\,cm) =$
$= 1348\,cm^3$

c) $h_M = \sqrt{(12\,cm)^2 + (2{,}5\,cm)^2} =$
$= 12{,}25\,cm$

$$A_T = \frac{(13\,cm + 8\,cm) \cdot 12{,}25\,cm}{2} =$$
$= 128{,}62\,cm^2$

$M = 4 \cdot 128{,}62\,cm^2 = 514{,}48\,cm^2$

Beispiel

a) $V_{Kegelst.} = \frac{1}{3} \cdot 4\,cm \cdot 3{,}14 \cdot (121\,cm^2 + 11\,cm \cdot 5\,cm + 25\,cm^2) =$
$= 841{,}52\,cm^3$

Seite 94

b) $\frac{x}{x + h} = \frac{r_D}{r_G}$

$\Rightarrow x \cdot r_G = r_D \cdot x + r_D \cdot h$

$\Rightarrow x = \frac{r_D \cdot h}{r_G - r_D}$

$\Rightarrow x = \frac{5\,cm \cdot 4\,cm}{11\,cm - 5\,cm} = 3{,}33\,cm$

c) $y = 11\,cm - 5\,cm = 6\,cm$

$m = \sqrt{(4\,cm)^2 + (6\,cm)^2} = 7.21\,cm$

d) $\frac{m_x}{m} = \frac{x}{h} \Rightarrow m_x = \frac{x \cdot m}{h}$

$\Rightarrow m_x = 6{,}00\,cm$

e) $M = (m_x + m) \cdot r_G \cdot \pi - m_x \cdot r_D \cdot \pi$
$M = 362{,}07\,cm^2$

Hinweis

$M_{Kegelst.} = (11\,cm + 5\,cm) \cdot 7{,}21\,cm \cdot 3{,}14 =$
$= 362{,}23\,cm^2$

(Die beiden Ergebnisse stimmen überein, da wir alle Einzelergebnisse nur auf zwei Stellen genau einsetzen.)

Seite 95

(73)

a)

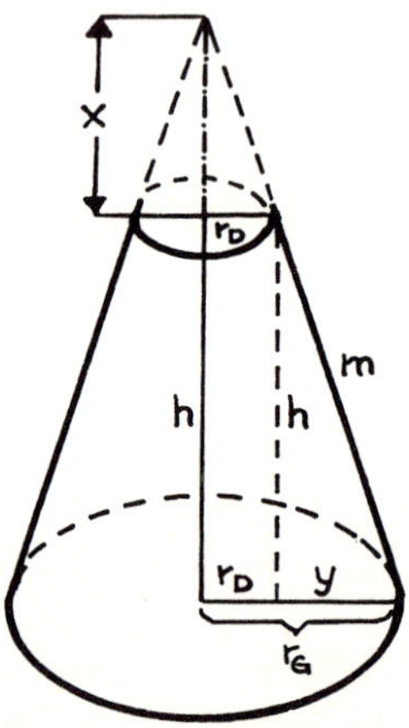

Figur 126

b) $y = \sqrt{m^2 - h^2} = \sqrt{100\,cm^2 - 64\,cm^2} =$
$= 6\,cm$

$r_G = r_D + y = 8\,cm$

c) $V = \frac{1}{3} \cdot 8\,cm \cdot 3{,}14 \cdot (64\,cm^2 + 8\,cm \cdot 2\,cm + 4\,cm^2)$
$= 703{,}36\,cm^3$

d) $M = (8\,cm + 2\,cm) \cdot 10\,cm \cdot 3{,}14 = 314\,cm^2$

e) $x = \frac{r_D \cdot h}{r_G - r_D}$ (vergl. Beispiel S. 94)
$\Rightarrow x = 2{,}66\,cm$

f) $V_{Erg.Kegel} = \frac{1}{3} \cdot 4\,cm^2 \cdot 3{,}14 \cdot 2{,}66\,cm =$
$= 11{,}13\,cm^3$

g) $703{,}36\,cm^3 \mathrel{\hat{=}} 100\%$

$11{,}13\,cm^3 \mathrel{\hat{=}} \frac{100\% \cdot 11{,}13}{703{,}36} = 1{,}58\%$

Das Volumen des Ergänzungskegels beträgt 1,58% des Kegelstumpfvolumens.

Seite 96

Rotationskörper

1. Beispiel

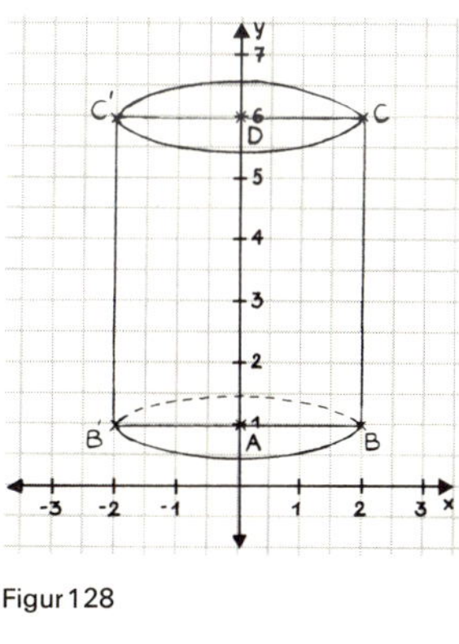

Figur 128

- Der Rotationskörper entspricht dem Körper Nummer 2.
  Der Körper ist ein Zylinder.

a) $r = 2\,LE$; $G = (2\,LE)^2 \cdot 3{,}14 = 12{,}56\,FE$

b) $h = 5\,LE$
$O = 2 \cdot 12{,}56\,FE + 2 \cdot 2\,LE \cdot 3{,}14 \cdot 5\,LE =$
$= 87{,}92\,FE$

c) $V = 12{,}56\,FE \cdot 5\,LE = 62{,}8\,RE$

Seite 97

2. Beispiel

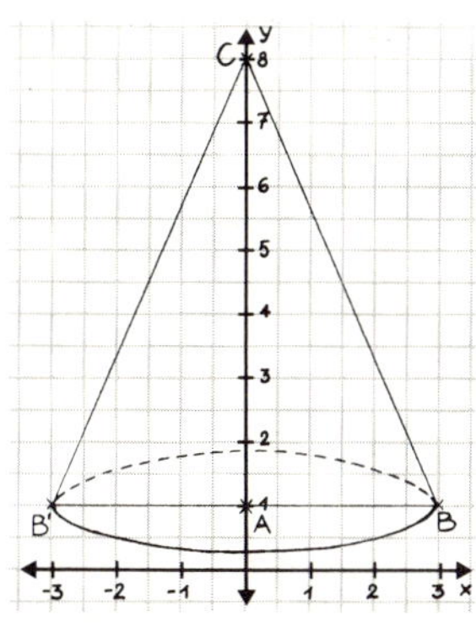

Figur 129

- … Körper Nummer 6 …
- Der Körper ist ein Kegel.

a) $r = 3\,LE$; $G = 9\,FE \cdot 3{,}14 = 28{,}26\,FE$

b) $h = 7\,LE$; $m = \sqrt{49\,FE + 9\,FE} = 7{,}61\,LE$
$O = 28{,}26\,FE + 7{,}61\,LE \cdot 3\,LE \cdot 3{,}14 = 99{,}94\,FE$
$V = \frac{1}{3} \cdot 28{,}26\,FE \cdot 7\,LE = 65{,}94\,RE$

3. Beispiel

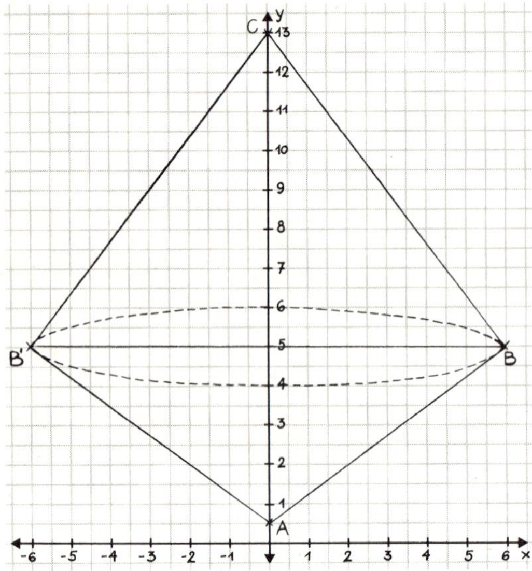

Figur 130

- … Körper Nummer 4 …

Seite 98

- Der Rotationskörper besteht aus zwei Kegeln, die mit ihren kongruenten Grundflächen aneinanderstoßen.

a) $\overline{AC} = 12{,}5\,LE$; $\overline{AC}^2 = 156{,}25\,FE$;
$\overline{AB} = 7{,}5\,LE$; $\overline{AB}^2 = 56{,}25\,FE$;
$\overline{BC} = 10\,LE$; $\overline{BC}^2 = 100\,FE$;
$\overline{AB}^2 + \overline{BC}^2 = 156{,}25\,FE.$

b) $r = 6\,LE$; $G = 36 \cdot 3{,}14\,FE = 113{,}04\,FE$

c) $M_I = 6 \cdot 10 \cdot 3{,}14\,FE = 188{,}40\,FE$

d) $M_{II} = 6 \cdot 7{,}5 \cdot 3{,}14\,FE = 141{,}30\,FE$

e) $O = 188{,}40\,FE + 141{,}30\,FE = 329{,}70\,FE$

f) $V = \frac{1}{3} \cdot G \cdot (h_I + h_{II}) =$
$= \frac{1}{3} \cdot 113{,}04 \cdot 12{,}5\,RE = 471\,RE$

4. Beispiel

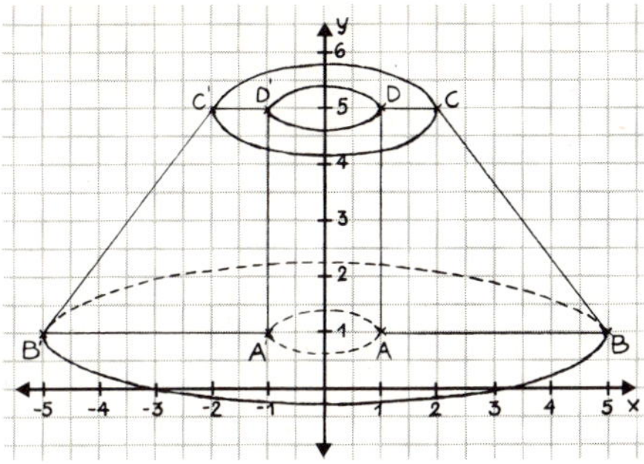

Figur 131

- ... Körper Nummer 1 ...
- Der Rotationskörper ist ein Kegelstumpf, bei dem längs der Rotationsachse ein Zylinder ausgebohrt ist.

a) $r_{GKst.} = 5\,LE$; $A_{GKst.} = 78{,}50\,FE$.

Seite 99

b) $r_{DKst.} = 2\,LE$; $A_{DKst.} = 12{,}56\,FE$.

c) $m_{Kst.} = 5\,LE$; $M_{Kst.} = (5 + 2) \cdot 5 \cdot 3{,}14\,FE =$
$= 109{,}9\,FE$

d) $r_{GZ} = 1\,LE$; $A_{GZ} = 1^2 \cdot 3{,}14\,FE = 3{,}14\,FE$

e) $m_Z = h_Z = 4\,LE$; $M_Z = 2 \cdot 1 \cdot 3{,}14 \cdot 4\,FE = 25{,}12\,FE$

f) $O = M_{Kst.} + M_Z + A_{GKst.} - A_{GZ} + A_{DKst.} - A_{DZ} =$
$= (109{,}9 + 25{,}12 + 78{,}5 + 12{,}56 - 2 \cdot 3{,}14)\,FE =$
$= 219{,}8\,FE$

g) $V_{Kst.} = \frac{1}{3} \cdot 4 \cdot 3{,}14 \cdot (25 + 5 \cdot 2 + 4)\,RE = 163{,}28\,RE$

h) $V_Z = 1^2 \cdot 3{,}14 \cdot 4\,RE = 12{,}56\,RE$

i) $V = V_{Kst.} - V_Z = 150{,}72\,RE$

(74)

a)

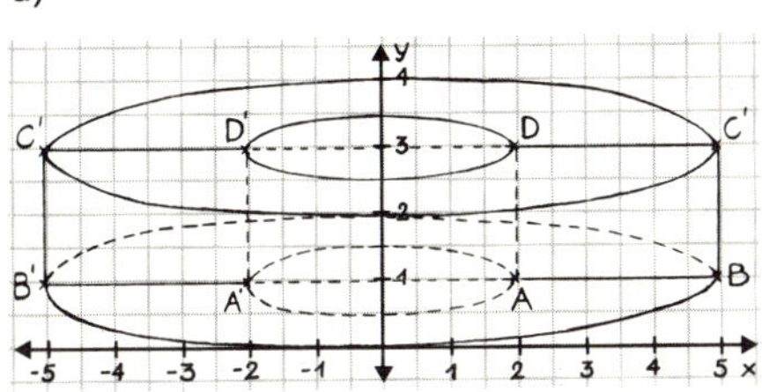

Figur 132

b) Der Rotationskörper ist eine zylindrische Scheibe, bei der längs der Rotationsachse ein rundes Loch ausgebohrt ist.

c) $O = M_a + M_i + 2 \cdot A_{Ga} - 2 \cdot A_{Gi} =$
$= (2 \cdot 5 \cdot 3{,}14 \cdot 2 + 2 \cdot 2 \cdot 3{,}14 \cdot 2 + 2 \cdot 5^2 \cdot 3{,}14 - 2 \cdot 2^2 \cdot 3{,}14)$ FE =
= 219,80 FE

d) $V = V_{Z_a} - V_{Z_i} = (5^2 - 2^2) \cdot 3{,}14 \cdot 2$ RE = 131,88 RE

Seite 100

(75)

a)

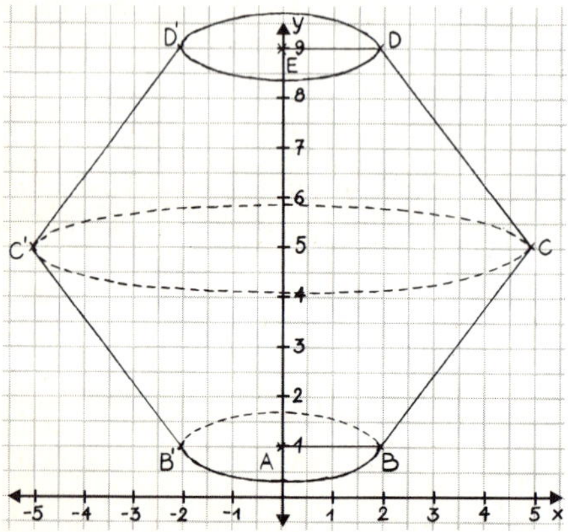

Figur 133

b) Der Rotationskörper ist ein „Doppelkegelstumpf".

c) $O = 2 \cdot M_{Kst.} + 2 \cdot A_D =$
$= [2 \cdot (5 + 2) \cdot 5 \cdot 3{,}14 + 2 \cdot 2^2 \cdot 3{,}14]$ FE =
= 244,92 FE

d) $V = 2 \cdot V_{Kst.} = 2 \cdot \frac{1}{3} \cdot 4 \cdot 3{,}14 \cdot (5^2 + 5 \cdot 2 + 2^2)$ RE=
= 326,56 RE

(76)

a)

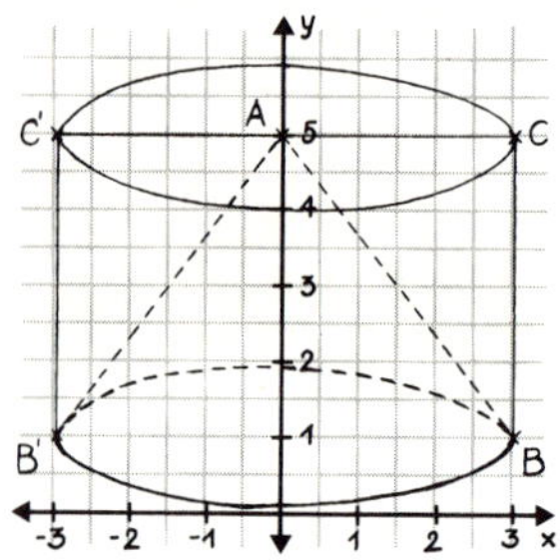

Figur 134

b) Der Rotationskörper ist ein Zylinder bei dem von unten längs der Rotationsachse ein Kegel ausgefräst ist (vergleiche Figur 127 Nummer 7).

c) $O = M_Z + A_D + M_K =$
$= (2 \cdot 3 \cdot 3{,}14 \cdot 4 + 3^2 \cdot 3{,}14 + 3 \cdot 5 \cdot 3{,}14)$ FE $=$
$= 150{,}72$ FE

d) $V = V_Z - V_K =$
$= 3^2 \cdot 3{,}14 \cdot 4 - \frac{1}{3} \cdot 3^2 \cdot 3{,}14 \cdot 4 =$
$= 75{,}36$ RE

Seite 101

Kugel

... richtige Formel:

$$\mathbf{V_{Kugel} = \tfrac{2}{3} \cdot V_{Zyl}}$$

$V_{Zyl.} = G \cdot h = r^2 \cdot \pi \cdot 2 \cdot r$

Seite 102

1. Beispiel

$V_{Kugel} = \frac{4}{3} \cdot (2\,\text{cm})^3 \cdot \pi = 33{,}49\,\text{cm}^3$

2. Beispiel

$$r^3 = \frac{V \cdot 3}{\pi \cdot 4} = 27\,\text{cm}^3$$

$r = 3\,\text{cm}$

$$G_{Pyr} = \frac{V_{Pyr} \cdot 3}{r}$$

Seite 103

1. Beispiel

$O_{Kugel} = 4 \cdot (7\,\text{cm})^2 \cdot 3{,}14 = 615{,}44\,\text{cm}^2$

2. Beispiel

$O_{Halbkugel} = \frac{1}{2} \cdot O_{Kugel} + A_{Kreis} =$
$= \frac{1}{2} \cdot 4 \cdot (7\,\text{cm})^2 \cdot 3{,}14 + (7\,\text{cm})^2 \cdot 3{,}14 = 461{,}58\,\text{cm}^2$

3. Beispiel

$$O = 4 \cdot r^2 \cdot \pi$$

$$\Rightarrow r^2 = \frac{O}{4 \cdot \pi} = 25\,cm^2$$

$$r = 5\,cm$$

(77)

- Die Differenz der Volumina von …

$$r_a^3 = \frac{V_{Kugel} \cdot 3}{4 \cdot \pi} = \frac{5000\,dm^3 \cdot 3}{4 \cdot 3{,}14} = 1194{,}26\,dm^3$$

$$\Rightarrow r_a = 10{,}60\,dm$$

- $r_i = r_a - 1\,dm = 9{,}60\,dm$

$$K_{K.i} = \tfrac{4}{3} \cdot (9{,}60\,dm)^3 \cdot 3{,}14 = 3704{,}09\,dm^3$$

$$V_{Isol.} = 5000\,dm^3 - 3704{,}09\,dm^3 = $$
$$= 1295{,}91\,dm^3$$

Es werden 1295,91 l Isoliermasse gebraucht.

Seite 104

(78)

a) $h_{Kegel} = \frac{d}{2} \cdot \sqrt{3} = \frac{6\,cm}{2} \cdot \sqrt{3} = 5{,}19\,cm$

$V_{Kegel} = \tfrac{1}{3} \cdot (3\,cm)^2 \cdot 3{,}14 \cdot 5{,}19\,cm =$
$= 48{,}88\,cm^3$

b) $r_{Kugel} = \tfrac{1}{3} \cdot h_{Kegel} = \tfrac{1}{3} \cdot 5{,}19\,cm =$
$= 1{,}73\,cm$

$V_{Kugel} = \tfrac{4}{3} \cdot (1{,}73\,cm)^3 \cdot 3{,}14 =$
$= 21{,}67\,cm^3$

(79)

$$V_{Gas} = \tfrac{4}{3} \cdot (6{,}5\,m)^3 \cdot 3{,}14 = 1149{,}76\,m^3$$

$$m_{Gas} = 0{,}18\,\frac{kg}{m^3} \cdot 1149{,}76\,m^3 = 206{,}95\,kg$$

$$O_{Ballon} = 4 \cdot r^2 \cdot \pi = 4 \cdot (6{,}5\,m)^2 \cdot 3{,}14 = 530{,}66\,m^2$$